狂 牛 病
B S E
正しい知識

東京大学名誉教授
山内一也

河出書房新社

狂牛病《BSE》・正しい知識

目次

インタビュー・構成　高木裕

狂牛病《BSE》・正しい知識

まえがき

　二〇〇一年九月、日本ではじめて、牛海綿状脳症（ＢＳＥ）、いわゆる狂牛病に感染した牛が見つかりました。以来、ＢＳＥおよびプリオン病に関する、さまざまな報道や情報が飛びかうようになりました。テレビ、新聞、週刊誌などのマスメディアは、ほとんど毎日のようにＢＳＥを取り上げた番組や記事を流しています。

　これまで長年、ＢＳＥおよびプリオン病を研究対象としてきた私にとって、それらの中には明らかに事実とは異なるものや、あるいはたんに面白半分だったり、人々の不安や恐怖心をあおるだけとしか思えないものもあります。しかし、そのすべてを一つ一つ取り上げ、誤りや不十分さを指摘することはできません。

　日本でのＢＳＥ発生に関しては、危険性を間近に感じていたひとりとして、非常に残念な思いもあります。なぜ十分なリスク管理ができなかったのか、その原因を追求することも大切ですが、それ以上に重要なのは、現在と今後に向けた適切な対応、対策です。行政から市民まで立場は一様ではありませんが、まずは誰もが事態を正しく知り、少なくとも誤った知識や情報のために判断をゆがめないことが肝要です。

そこで本書は、ＢＳＥとプリオン病に関する正しい知識を、できるだけ平易に伝えようと緊急にまとめたものです。科学的な知見に基づいて、普通の人にもわかりやすく、ＢＳＥの全体像が理解できるような内容を意図しました。そのため、記述はかなり噛み砕いて書くよう心がけ、また、展開も対話形式で進めるものとしました。一部に専門的な用語や記述も出てきますが、これは誤解を防ぐために必要な範囲と考え、そのままにしています。

全体の構成は、第一章ではＢＳＥに関する基本的な知識を、背景も含めて解説しました。第二章では感染防止と安全対策を中心に、日常生活での参考となる知識を織り込んでいます。第三章は、やや専門的になりますが、ＢＳＥをめぐるサイエンスを紹介し、科学的関心への期待もこめました。

本文に入る前に、ここでＢＳＥおよびプリオン病と私個人との関わりにふれておきたいと思います。

牛海綿状脳症（ＢＳＥ）やクロイツフェルト・ヤコブ病（ＣＪＤ）は、現在、総称してプリオン病と呼ばれています。プリオン病という概念はウイルス学の領域から生まれたものです。もともと私は、ウイルスのダイナミックな世界に魅了されて、研究の道を歩んできました。

さかのぼると一九七九年、厚生省の難病研究班の一つとして、東北大学・石田名香雄教授班長のもと、遅発性ウイルス感染調査班が結成されました。遅発性ウイルスとはスローウイルスの和訳です。スローウイルスが引き起こす疾病の一つに、麻疹ウイルスによる神経難病があります。私はこの研究を行っていたことから、同研究班に参加しました。そして、これが私とプリオン病との出会いになりました。

この研究班の大きな柱となったのは、当時、九州大学医学部の立石潤教授によるＣＪＤについての研究でした。立石教授は世界で初めて、マウスを用いたＣＪＤの伝達実験に成功し、このときからＣＪＤについての研究は日本が世界をリードする形になりました。

ＣＪＤと並ぶ重要なプリオン病に、羊のスクレイピーがあります。この分野では、同じく班員の帯広畜産大学の品川森一教授が研究に着手していました。スクレイピーはもともと日本には存在しない病気でしたが、一九七八年にカナダから輸入された羊がこの病気を日本に持ちこみました。これがきっかけで、品川教授はスクレイピーの研究をスタートさせました。

こうして日本では一九八〇年代はじめに、人と動物のプリオン病の研究体制ができあがりました。二代目班長となった立石教授の後をついで、私は一九八八年から五年間、三代目の班長をつとめました。

この研究班での成果は、現在の日本のBSE対策に大きく貢献しています。その一例として、BSEの牛やCJDの患者の確定診断に不可欠な、脳についての免疫組織化学検査があります。これは、病原体とみなされる異常プリオン蛋白を検出する方法で、立石教授のグループの北本哲之博士（現在東北大学教授）がはじめて確立したものです。北本博士は現在、設立二十二年目となったこの研究班の班長をつとめています。

一方、品川教授は厚生労働省のBSE研究班長として、屠畜場でのプリオン検査体制の確立をはじめとして、現在の日本でのBSE緊急対策の中心的役割を果たしておられます。こうした体制、対策の基盤には、これまでの二十年にわたるスクレイピー研究の蓄積が大きく貢献しています。

ところで、海外に目を転じると、一九八六年に英国で牛のBSE発生がはじめて確認されました。この時点から、ＢＳＥは私たち研究者の大きな関心事となりました。

一九九〇年には英国でのＢＳＥ発生数が一万五〇〇〇頭を越える事態となり、人への感染の危険性を指摘する声が強くなってきました。ＢＳＥが社会に投げた第一の波は、新たな人獣共通感染症の可能性を予感させたことでした。

さらに一九九六年、若い世代で見つかったＣＪＤが新しいタイプの病気であり、ＢＳＥ感染の可能性があるという英国政府の爆弾発言が、全世界を大きく揺さぶりました。ＢＳＥがもたらした第二波です。このとき、私は品川教授とともに厚生省から派遣されて、英国でのＢＳＥの発生状況、対策の状況などをつぶさに視察してきました。

一方、私は一九八九年から、国際獣疫事務局（ＯＩＥ）という家畜感染症対策の国際機関で学術顧問をつとめています。たまたま一九九九年暮れ、パリにあるＯＩＥ本部での会議に私が出席していた際、フランスでＢＳＥ発生が急増し、ほかのヨーロッパ諸国でもＢＳＥの初発例が見出されるという時期に遭遇しました。ＢＳＥの第三波のまっただ中に身をおいたことになります。

この時点で、ＢＳＥの世界的広がりの危険性が強く認識されるようになり、ＥＵ（欧州連合）ではさまざまな対策が打ち出されていきました。国際レベルではその頃から、日本での発生の可能性も指摘されるようになっていました。そして、二〇〇一年九月に千葉県でＢＳＥの牛が見つかり、可能性はいっきに現実となったのです。

私にとっては予想外の出来事ではありませんでしたが、これまでＢＳＥが対岸の火事でしかなかったマスコミや一般の人々の反応は、私の予想をはるかに越えた大変なものとなりました。

ＢＳＥ第一例の発生以来、食生活と密接にかかわる多くの疑問が、私のところにも寄せられています。なぞの多いプリオン病といった受けとめ方が、よりいっそう不安をもたらしているものと思われます。しかし、現実には、ＢＳＥなどのプリオン病についての研究は、国際的にめざましく進展しており、それが安全対策にも生かされてきています。

また、本書をまとめる過程で新たな発見や感慨がありました。ＢＳＥの問題は、グローバリゼーションというきわめて現代的なテーマと深く結びついているということです。

私は長年ウイルスを研究対象としていますが、微生物の世界では、特に二十紀後半から時代が下がるにつれて、グローバリゼーションの影響で、先進社会と未開拓のいわゆる奥地といわれる地域との距離差がほとんどなくってきたことを実感しています。たとえばエボラ出血熱、エイズなど、新たな人獣共通感染症がすでに数多く出現しています。本書のテーマであるＢＳＥも英国から世界へというその一例であり、今後もさらに同じようなことが起きる可能性は十分に考えられます。

ＢＳＥの背景にあるグローバリゼーションの問題はウイルス学の領域だけでなく、地理学、歴史学、文化人類学、社会学なども含めた、幅広い横断的な論議が必要でしょう。ＢＳＥが投げかけたグローバリゼーションの問題について、これから学際的な追求や検証が重ねられることを期待しています。

本書はこうした流動的な状況の中で、ＢＳＥとプリオン病について、正しい科学知識を提供することを目的としています。この小著がひとりでも多くの読者に活用され、ＢＳＥやプリオン病に対する正しい理解と関心が広がることを、著者として、また研究者として願ってやみません。

第一章　牛海綿状脳症《BSE》（狂牛病）を知る

◎「狂牛病」＝牛海綿状脳症《BSE》とはどんな病気か

――「狂牛病」とはどんな病気ですか。牛の間では以前からあった病気なのでしょうか。

ひとことでいえば、牛の中枢神経が侵される神経難病です。「狂牛」の文字で誤解されやすいのですが、名前が示すような精神の異常ではなく、医学的にはあくまで中枢神経疾患です。

この病気にかかった牛は、初期症状として不安そうな動作、音や光に対する異常反応、けいれんなどの行動を示します。中期になると、本来は揃っているはずの後脚が開き、歩く際にふらつくなどの運動失調が見られます。末期では、攻撃的になったり、四肢をすべらせて転倒しやすくなり、ついには起立不能となります。

――なにが原因ですか。いったんかかると治らないのですか。

原因は、汚染された飼料による経口感染です。飼料の問題は、またあとで詳しく説明しましょう。発病するのは主に三～六歳齢の牛に集中しており、感染してもすぐ発症するのではなく、平均五年間の潜伏期があります。

残念ながら治療法はなく、発病すると二週間から六カ月の経過を経て確実に死に至ります。この病気が初めて公式に報告されたのは、一九八六年十一月、英国でのことです。

――それまでになかった新しい病気なんですね。どんないきさつから見つかったのですか。

さかのぼると、発端は一九八五年四月、英国ケント州の牧場です。牧場主の話によれば、飼育されていたホルスタイン種の乳牛三〇〇頭のうち、ジョンキルという名の雌牛が奇妙な動き方をするようになった。いつもはおとなしい牛なのに、なぜかほかの牛を攻撃するようになったといいます。

最初は、春先に牛が青々とした牧草を食べると、血中のマグネシウムが不足して起きるいわゆる「よろめき病」ではないかと疑われました。様々な治療が試みられたものの、この牛は回復することはなく、結局、殺処分されました。

その後半年間は何も起こりませんでしたが、翌一九八六年はじめになって、こんどは何頭もの牛に同じような症状が現れてきました。牧場主は獣医とともにあらゆる病気の可能性、鉛中毒から狂犬病までを探ってみたけれども、どれにも当てはまりません。

彼らは、なにか恐ろしいことが起こっているのではないかと不安を抱き、この奇妙な病気を農漁業食糧省（現在の環境・食糧・農村地域省）に報告しました。これがいわゆる「狂牛病」のはじまりです。

調べてみると、英国各地の牧場で同じような症状の牛が見つかりました。これまでになかったこの新しい牛の病気は、正式に「牛海綿状脳症」（Bovine Spongiform Encephalopathy, BSE）と命名されました。

――うしかいめんじょうのうしょう、耳で聞くとすぐにはわかりにくく、目で見ると漢字が並んで難しそうですね。

学術名ですから、初めて聞いたときは少し抵抗があるかもしれません。英語で「脳がスポンジ状になる牛の神経疾患」といった意味あいで、むしろこちらの方がこの病気の特徴が正しく端的に示されています。

名づけたのはロンドン郊外にある中央獣医学研究所の病理学者、ジェラルド・ウエルズ博士です。命名の由来ですが、この病気にかかった牛を解剖して脳を顕微鏡で見ると、健康な牛には見られない病変が見つかります。ちょうど海綿（スポンジ）と同じような多数の穴が見られることから、この名前がつけられました。

◎牛はけっして「狂っている」のではない

――「狂牛病」というと、何か牛が狂ってしまうように聞こえますが、実際には違うのですね。

先ほど述べたように「狂牛病」の牛は少しも狂ってはいません。日本では「狂牛病」という名前が広く行き渡ってしまいましたが、この呼び方は誤解を招きやすく、適切ではありません。

もともと「狂牛病」という呼び方は、病気が見つかった当時、英国の農民やヨーロッパのマスコミが使った俗称“mad cow disease”を、日本語に訳したことからきています。日本で「狂牛病」という呼び名が広まったのは、背景としておそらく狂犬病の名に慣れ親しんでいたことと、狂牛病の名が醸《かも》し出す不気味さなどが関係しているのでしょう。しかし直接的には、マスコミがこの名前を好んだことにあります。

——当初、英国の農民が“mad cow disease”と呼んだのは、どんな意味あいからですか。

英国の研究者に直接聞いてみたところ、英語の‘mad’には「狂っている」という意味もたしかにあるが、一般的には「荒々しい」とか「クレイジー」といった意味あいで使われているとのこと。本当に狂っている意味をいう場合は、‘insane’が用いられ、そのほうが妥当であるとの意見でした。

ですから“mad cow disease”は、自分たちが愛情をこめて育てた牛が治らない病気になって、当惑している農民の気持ちが反映された呼称とみなすべきでしょう。日本語の「狂牛病」というような強いニュアンスのものではありません。

この病気にかかった牛で最も有名になったのは、六歳のデイジー（ひなぎく）という名の乳牛でしょう。よろよろと足がもつれ、地面に倒れこんでしまうショッキングな映像が、テレビを通して世界中に流されました。すべてのBSEの牛があのような症状を見せるのではなく、外見的には無症状である場合も多いのです。

しかし、こうした視覚的な映像の印象も手伝ってか、「狂った牛」と誤解されやすいようです。実際には、中枢神経が侵されたために足がふらつき、四肢で立つことができなくなっているのです。くり返しますが、牛はけっして狂っているのではありません。

――先行して狂犬病という名前がすでにあることも、かなり影響していると思います。

狂犬病の名は、明治時代につけられ、すでに時間的・社会的に浸透し、定着してしまっています。差別用語という概念や問題意識の乏しかった時代につけられた名前と、現代社会での狂牛病を同列に論じることはできません。

日本は、人間に関しては世界に類を見ないほど、差別用語に神経質です。にもかかわらず、二十一世紀の今「狂牛病」の名が堂々と使われているのは、もっと疑問視されてよいことではないでしょうか。

――「病」がついているので、すでに権威によって決められた「病名」だとばかり思っていました。海外ではどう呼ばれているのですか。

ほとんどの場で、学術名である「ＢＳＥ」が使われています。たとえば、英国のＢＢＣ放送はＢＳＥを用い、"mad cow disease" は使っていません。新聞もタブロイド判などの大衆紙には "mad cow disease" が見られますが、しっかりした新聞はすべてＢＳＥを使っています。

国際的な会議や学会ではもちろんＢＳＥですし、ＷＨＯなどの国際機関や世界各国の政府機関もすべて、ＢＳＥしか使っていません。俗称と正式名称ははっきり使い分けられているのです。

一方、日本ではマスコミ主導の「狂牛病」の名が、今では学会や行政機関にまで使われはじめています。ＢＳＥは社会的にさまざまな波紋を引き起こしましたが、名称の問題でこのような事態が起きているのは日本だけでしょう。

日本では「狂牛病」の呼び名がすっかり広がってしまいました。しかし、英国はじめ欧米諸国では、専門家はもとよりマスコミも一般社会でも、現在はＢＳＥが使われています。たしかに牛海綿状脳症は呼びにくい名前です。しかし、エイズでは、後天性免疫不全症候群（Acquired Immunodeficiency Syndrome）の略称であるＡＩＤＳが普及しました。これと同様に、日本でも正しい名称のＢＳＥが定着することを願っています。

◎感染源の肉骨粉とはなにか

——名称の意味や問題がよく飲みこめました。さっそくここからは「ＢＳＥ」と呼ぶことにします。英国ではＢＳＥにかかった牛がどれくらい見つかったのですか。

最初の一頭が確認されたのは前述のように一九八六年。以後、年を追うごとに急激な勢いで増えていき、四年後の一九九〇年には一万五〇〇〇頭にまで達しました。

英国政府の報告によりますと、二〇〇一年六月末までの発生総数は一七万七九〇四頭。ほぼ一八万頭ですが、これは公式に確認された数字であり、実際には英国全土で一〇〇万頭くらいと推測されています。

図1（23頁）にも示されているように、ピークは一九九二～九三年で、週に一〇〇〇頭を越える病気の牛が発生しました。英国各地の農場三万カ所にまでBSEは広がったのです。

しかし、英国政府の対策の結果、現在は沈静化しつつあり、発生数は週に二〇頭ぐらいまで低減しています（二〇〇一年九月現在）。さらに今後の予測として、二〇〇三年には年間の発生数が五〇頭にまで減ると推定されています。

――膨大な数ですが、そんなにたくさんの牛に病気が広がったのはなぜですか。

感染源として突き止められたのは、牛の配合飼料に含まれる「肉骨粉」でした。感染源が明らかになったのは、一九八七年末のことです。この肉骨粉になんらかの病原体が混入し、牛に感染性の病気を引き起こしているものと考えられました。

「肉骨粉説」は一九八六年にはじめてBSE感染牛の存在が確認されたあと、疫学的な調査分析によって推測されたもので、調査を担ったのは英国中央獣医学研究所の疫学部長ジョン・ワイルスミス博士です。非常に早い時点で感染源の推測がなされたわけで、この成果は今も高く評価されています。

──餌に含まれる肉骨粉とはなんですか。

肉骨粉とは、家畜のくず肉を集めて作られた粉末状の飼料です。牛、豚、羊、鶏などの家畜から食用の肉をとると、あとに大量のくず肉などが残ります。こうしたくず肉を集めて、加熱調理し、脂肪と脂かすに分け、脂肪はワックスや医薬品に、脂かすは乾燥させて粉末にし、肉骨粉となります。

この処理工程をレンダリングといいますが、できあがった肉骨粉は濃厚な動物蛋白源であり、これを家畜の飼料として与えるわけです。

ちなみに、肉骨粉というのは誤解を招きやすい訳語で、肉骨粉の中には骨粉は含まれていません。骨粉は肉骨粉とは別で、骨を焼いて作ったカルシウムの粉末であり、健康食品や肥料などに使われます。ほかにも血液を原料とする血粉もあります。

●図1―BSEの年次別発生状況（縦軸は頭数）

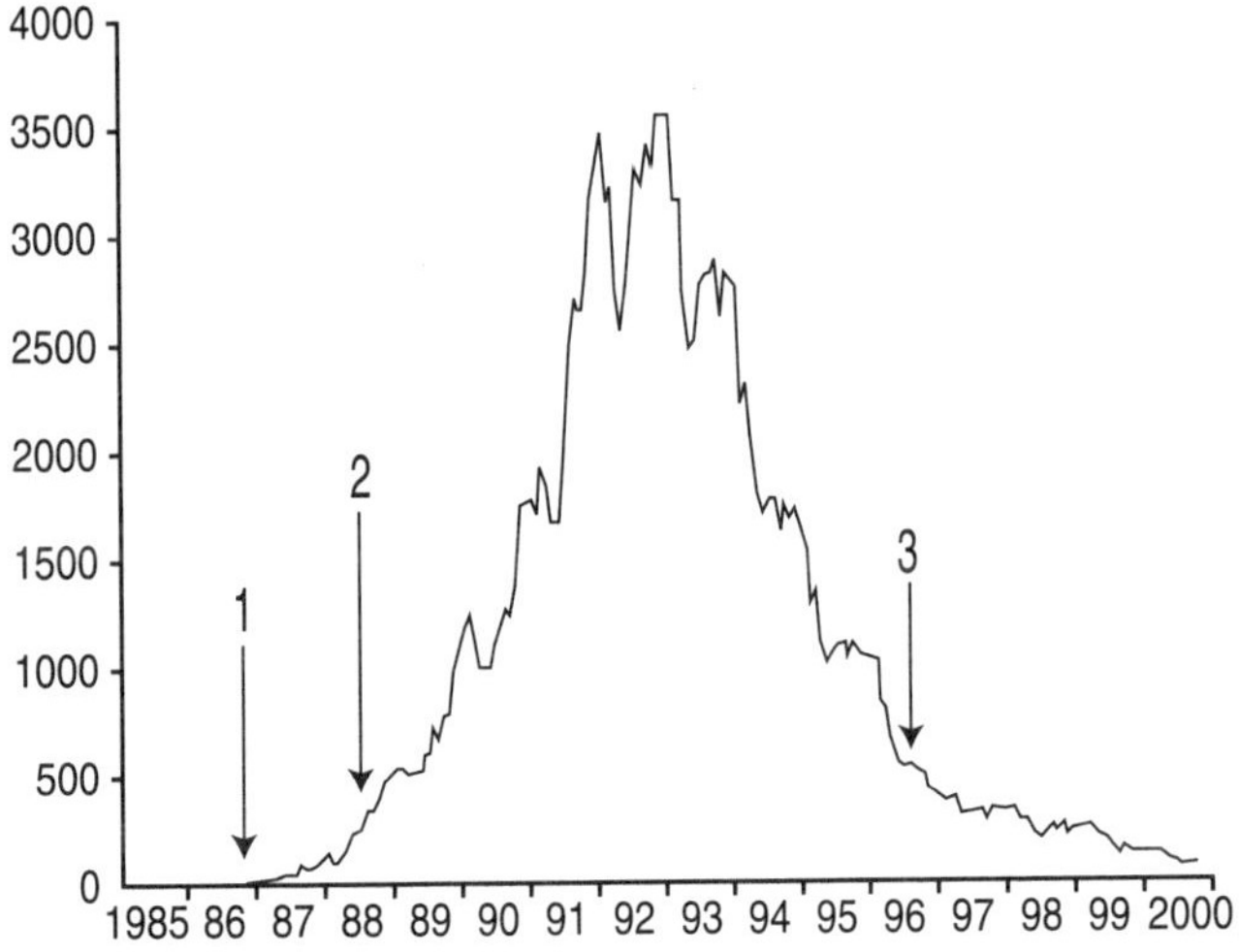

(1) 1986年11月にBSEの発生が確認される。
(2) 1988年7月、反芻動物への肉骨粉の使用禁止が行われたが、発生数は減らず、1992年から93年がピークとなり、1カ月で3500頭を越えた。
(3) 1996年、すべての家畜への肉骨粉の使用禁止による餌の安全性確保を実施。

家畜のくず肉から餌を作るという方法は、以前から行われていたのですか。

動物の死体から脂肪を抽出し、ろうそくや石鹸など多目的に利用することは、ヨーロッパでは百年以上前から行われていました。その際、脂を採取したあとに残ったいわゆる脂かすは捨てられていましたが、やがてこの栄養価が注目されて、一九二〇年代になると動物の飼料に添加されるようになったのです。

レンダリングもたぶんこの頃から普及しはじめたものと思われますが、畜産の近代化とともに世界中に広がりました。

肉骨粉はなんのために牛に与えられるのですか。

一つには、牛の栄養状態や体力を補強して、カルシウムの強化や、脂肪の形成などを図るためとされています。効率よく牛を飼育し、食肉や牛乳としての商品価値を高めることがねらいです。

もう一つには、家畜のリサイクルがあります。家畜を生産・飼育して食肉をとったあと、廃棄部分を加工して飼料を作り、再び家畜に与えるわけで、動物蛋白のリサイクルは畜産の経済効率を高める重要な手段になっているのです。また、廃棄物公害を防ぐという面でも役立っています。

ＢＳＥの発生は、近代畜産の飼育形態や、家畜のリサイクル・システムと切り離して考えることはできません。病気の牛が肉骨粉に加工され、それを食べた牛がまた病気になる。餌を介して牛から牛へと感染し、短期間のうちに英国全土の牛に拡大しました。

本来、牛は草食性動物であり、自然下では動物の肉を摂取することはありません。人間の都合によって、牛はいわば「強制的共食い」をさせられているわけです。牛に牛を食べさせた結果、過去になかった病気が引き起こされたことになります。ＢＳＥは人間が作り出した病気といってよいでしょう。

◎BSEを引き起こす病原体は「異常プリオン蛋白」

――汚染された肉骨粉を食べた牛は、すべてBSEに感染するのですか。

英国の調査研究では、同じ飼料を食べた牛一〇〇頭のうち、ＢＳＥに感染するのは三頭、すなわち三パーセントであるといわれています。これは、現実に肉骨粉に含まれている病原体の量が、非常に少ないためと考えられています。

――牛から牛へ直接感染することはないのですか。

感染経路は汚染された肉骨粉だけであり、それ以外、たとえば空気感染や牛同士の接触で感染することはありません。

――なんらかの病原体が肉骨粉に混入したとのことですが、その病原体とはなんだったのですか。

ＢＳＥを引き起こす原因、すなわち病原体は「異常プリオン蛋白」であると考えられています。

――耳慣れない名前ですが、「異常プリオン蛋白」とはどんなものですか。

詳しく説明すると専門的な内容になるので、それは後の第三章でお話しすることにします。ここでは、ごく初歩的なことだけを押さえておきましょう。

ふつうは病原体というと、ウイルスや細菌などの微生物を連想します。これらが外部から人や動物の体内に侵入して、病気を引き起こします。ところが、一九八二年に「プリオン」という、まったく新しい性質の病原体が提唱されました。

プリオンは、ウイルスや細菌のように外部から侵入するのではなく、もともと生物の体の中に存在する蛋白です。自分の体に存在する正常なプリオン蛋白が、なんらかの理由で構造が異常化して異常プリオン蛋白になると、これが病原体となって、病気を引き起こすと考えられています。

「身内の反乱」といえばわかりやすいでしょう。ただ、それがどのように作用し、病気を引き起こすのか、詳しいメカニズムなどまだわかっていないことが多いのです。

――もともとは牛になかった病気であるのなら、どこからやってきたのか不思議です。

ＢＳＥの起源をめぐっては英国でも諸説があり、研究が進められているところです。この問題を考えるヒントになったのが、ＢＳＥの牛の脳に見られる病変の空胞（穴）でした。英国は牛以上に羊の多い国ですが、古くから知られる羊の病気に「スクレイピー」という感染症があります。この病気にかかった羊の脳には、ＢＳＥと同じ空胞が見られるのです。

そこで仮説として、羊の病気であるスクレイピーの病原体が肉骨粉に混入し、餌を介して牛に感染し、ＢＳＥが出現したのではないかと考えられています。これが現在もっとも有力な考え方です。

一方、最近、別の見方として、ＢＳＥは羊由来ではなく、牛に発生した新しい病原体であろうとの説も出されています。さらに、起源は永遠に不明であろうという意見もあります。ＢＳＥの起源をめぐって議論が分かれているわけですが、しかし、いずれの説も病原体がプリオンという点では見方が一致しています。

――ＢＳＥと関連づけられている羊のスクレイピーとは、どんな病気ですか。

スクレイピーは、歴史的に古くから知られる羊の感染症で、英国はじめ西ヨーロッパでは十八世紀から確認されています。まれに山羊にも発生します。

長い潜伏期を経たのちに発症し、やがて死に至ります。この病気にかかった羊は、運動失調やけいれんなどの症状を起こし、また、時として激しい痒《かゆ》みのために体を壁や柱にこすりつける(scrape)ことから、病名もスクレイピーと呼ばれるようになりました。

治療法はなく、死後に羊の脳を解剖すると、海綿状脳症、すなわちスポンジ状の空胞が見られるのが特徴です。羊のスクレイピーも、病原体はプリオンとみなされています。

英国では一九二〇年から五〇年にかけてスクレイピーが大発生し、大きな被害が出ました。その後、一九七〇年代に羊の飼育頭数が増え、スクレイピーがさらに大発生したことが、牛のＢＳＥの大発生の背景にあると考えられています。

◎ＢＳＥ牛はどうして出現したのか

――それにしても、牛と羊は昔から一緒に飼われてきて、肉骨粉も一九二〇年代からあったとすると、なぜ今突然、ＢＳＥが出現してきたのですか。

一つには、一九七〇年代の石油ショックが遠因と考えられます。石油価格が高騰したため、七〇年代の終わり頃からレンダリングの方法が変更され、加熱温度、時間ともに減少したのです。スクレイピー病原体は熱に強い性質のため、新方式のレンダリングでは不活化されず、肉骨粉に混入して牛の口に入り、ＢＳＥを引き起こしたのではないかと推測されています。

くず肉を長時間加熱していた旧方式では、病原体がある程度死滅したり、感染力が低下していたのではないかと考えられます。レンダリングの変更でこの歯止めが効かなくなったことが、感染拡大につながったものと推定されています。

また、レンダリングの方法が変化したのとちょうど同じ頃に、前述のように英国では羊の飼育数が増え、それとともにスクレイピーの発生も増えていました。そのため肉骨粉の汚染がいっそう進み、牛の間での感染に拍車をかけたものと推定されています。

さらに別の要因として、牛の飼育法もあげられます。一般的に、乳牛に子牛が生まれると、生後三〜四日頃から、代用乳とスターターと呼ばれる人工飼料が与えられます。

このスターターは人工乳とも呼ばれ、乳と離乳食を兼ねたようなもので、子牛の早期離乳を促進する目的で使われます。母牛の乳は商品であることから、搾乳《さくにゅう》量を減らさないため、子牛にはスターターが与えられるわけです。

英国では一九七〇〜八〇年代、このスターターの中に肉骨粉を加えていました。これは英国のみに見られる飼育法で、ヨーロッパのほかの国や米国、日本では植物蛋白が用いられています。

つまり、英国の乳牛の場合、生まれてまもない感受性の高い子牛の時期から、BSEの病原体にさらされていたことになります。一方、肉牛の場合は子牛に肉骨粉を与えていませんでした。BSEを発症した牛の頭数比率が、乳牛八に対して肉牛二というデータは、これを裏づけるものです。

この点について私が直接、英国農漁業食糧省の担当官にたずねたところ、英国では乳牛には生後三〜四日齢からスターターを与え、生後十二週齢くらいまで続けているとのことでした。スターターの中の蛋白含量は約一六パーセントで、その大半は肉骨粉です。

ＢＳＥの発生が乳牛に多く、肉牛には少ないこと、乳牛の発症年齢から推定して、生後まもなく感染しているとみなされることなど、スターターが重要な感染源になったことは確かなようである、との回答でした。

◎人のプリオン病（ＣＪＤ）は接触感染はしない

――牛のＢＳＥや羊のスクレイピーと同じような病気は、人にもあるのですか。

プリオンによって引き起こされる病気は、動物だけでなく人にもあります。人の神経難病であるクロイツフェルト・ヤコブ病（ＣＪＤ）はその代表例です。

現在では、こうした一連の病気を総称して「プリオン病」と呼ぶようになっています。いずれも脳にスポンジ状の空胞が見られることが特徴で、現時点では治療法がなく、発病すると確実に死に至ります。

――クロイツフェルト・ヤコブ病（ＣＪＤ）とは、どんな病気なのですか。

ＣＪＤには、発生のしかたによって三つのタイプがあります（33頁・表1）。①孤発型、②遺伝型、③感染型で、いずれも中枢神経系が侵される致死的疾患です。症状は運動機能や精神機能の異常にはじまり、重度になると痴呆症状や無動状態に進み、発病後二〜八カ月で死に至ります。症例比率では、孤発型がもっとも多く八五パーセント、次いで遺伝型が一五パーセント、感染型は一パーセント以下となっています。

このうち最多を占める孤発型ＣＪＤは、一〇〇万人に一人の頻度で起こるまれな病気で、一九二〇年代に発見されました。患者は五十〜六十歳前後が多く、中高年齢で発症することが大きな特徴です。かつてヤコブ病といえば、このタイプの疾患を指していました。

一方、感染型ＣＪＤは、医療行為を介して孤発型や遺伝型ＣＪＤが感染したものです。感染源として報告されているのは、脳外科の手術や治療で用いられる器具がＣＪＤの病原体に汚染されていた事例、あるいは移植手術で用いられた乾燥硬膜や角膜が、たまたまＣＪＤ患者に由来するものであった事例などです。そのほか、治療に使用される成長ホルモンなど、医薬品からの感染例も報告されています。

硬膜は脳を包む膜ですし、角膜は視神経を介して脳に直接つながっています。成長ホルモンは脳の下垂体から抽出したものです。つまり、なんらかの形で脳の一部が含まれてい

●表1—プリオン病の種類

病名	動物	原因
クールー	ヒト	感染（食人の風習）
クロイツフェルト・ヤコブ病（CJD） 孤発型 遺伝型 感染型	ヒト	 不明 プリオン遺伝子変異 感染（硬膜移植・角膜移植・成長ホルモン投与など）
ゲルストマン・ストロイスラー・シャインカー病（GSS）	ヒト	プリオン遺伝子変異
致死性家族性不眠症（FFI）	ヒト	プリオン遺伝子変異
変異型クロイツフェルト・ヤコブ病（v-CJD）	ヒト	感染（BSEウシの脳・脊髄）
スクレイピー	ヒツジ、ヤギ	感染（?）
伝達性ミンク脳症	ミンク	感染（餌：スクレイピー感染ヒツジ肉・内臓）
牛海綿状脳症（BSE）	ウシ	感染（飼料：肉骨粉）
ネコ海綿状脳症	ネコ、チータ、トラ、ライオン	感染（飼料：肉骨粉）
動物園ウシ科動物伝達性海綿状脳症	クーズー、ニアラ	感染（飼料：肉骨粉）
慢性消耗性疾患	北米産シカ類	感染（?）

るものからの感染です。

――BSEの牛を食べて感染したというヤコブ病は、三つのタイプとは別なのですか。

ＢＳＥ牛からの感染が疑われるＣＪＤは、医学的には変異型クロイツフェルト・ヤコブ病（v―ＣＪＤ）と呼ばれます。

変異型ＣＪＤは、一九九六年に新しく確認された疾患です。ＢＳＥに感染した牛の危険部位（脳や脊髄など）を食べたことによる、人への感染と考えられています。

名称のうえでは同じヤコブ病ですが、変異型の場合は、前述のＣＪＤとはまったく別の新しい病気です。病原体も違います。病態にそくしていえば、むしろ「ヒト海綿状脳症」と呼ぶべきだとの意見もあります。

――混乱しそうなので、ここで一度整理させてください。

孤発型ＣＪＤ、遺伝型ＣＪＤは比較的古くからあって、ごくまれに見られる病気。感染型ＣＪＤは、医療行為を介しての感染で、日本では「薬害ヤコブ病」と呼ばれているもの。そして、近年になって登場したのが変異型ＣＪＤで、ＢＳＥの牛を食べたことから感染したもの。以上のようにまとめられます。

——今問題になっているのは最後の変異型ＣＪＤで、前の三つとは病原体が別なのですね。

変異型ＣＪＤは、ヤコブ病の名がついていますが、これまでのＣＪＤとは明らかに性質の異なる疾患です。紛らわしいかもしれませんが、混同しないことが重要です。

一方、これはどのタイプのＣＪＤにも共通することですが、日常生活上の接触では人に感染することはありません。この点も基本的理解として、ふまえておく必要があります。無知や偏見、差別によって、社会的混乱を招いたり、患者さんが不利益をこうむることがあってはなりません。

◎牛から人への感染でＢＳＥは種の壁を越えた

——最初、牛から牛へ感染していたＢＳＥが、こんどは牛から人への感染という、いっそう深刻な事態になってきたのですね。病気が見つかったのはどんな経緯からですか。

変異型ＣＪＤの出現は、近代畜産のリサイクルの末端に、新たに人間がつながったことを意味します。この事実は、英国だけでなく、全世界に衝撃を与えました。当時の状況を経過に従って説明しましょう。

一九九〇年代半ばの英国では、牛の間でＢＳＥの感染が爆発的に増加しており、人々の間では、牛肉を介してＢＳＥが人に感染するのではないかという不安が広がっていました。これに対して英国政府は、公式見解として、ＢＳＥは人に感染しないとの立場をとりつづけていました。

こうした背景の中、最初の犠牲者となったのは、北ウェールズに住む十八歳の女性でした。一九九三年に発病し、当初の診断ではウイルス性脳炎の疑いとされましたが、脳組織の一部をとって検査してみると、スポンジ状の病変が見つかりました。これは一九九四年のことで、この時点では患者は孤発型クロイツフェルト・ヤコブ病（ＣＪＤ）と診断されました。しかしその後、この女性と同じような患者が次々と見つかり、九六年春までには十人を数え、そのうち八人はすでに死亡していました。患者たちの平均年齢は二十三・五歳と若く、うち二人はまだ十代でした。

前に述べたように、孤発型ＣＪＤは五十〜六十歳の人にごくまれに見られる病気であり、若い世代での発病例はほとんどありません。さらに、死亡した患者たちの脳には、花模様に見える特徴的な病変が共通して見つかりました。この点も孤発型ヤコブ病とは合致しません。

こうした相違点について、神経疾患の専門家たちは新しいタイプのヤコブ病が出現したと考え、「新変異型クロイツフェルト・ヤコブ病」と診断しました（注：略称v－CJD、日本では通常、新型と呼ばれているが、最近欧米では変異型に統一されている）。

当時、科学者の一部には、BSE牛からの感染の可能性を重視する意見もありましたが、神経疾患の専門家たちの間では、BSEが人に感染する可能性は低いと考えられていたのです。


――「牛からは感染しない」という政府の見解が一転したのは、いつ頃のことですか。


一九九六年三月です。英国の保健省と農漁業食糧省が合同で運営している海綿状脳症諮問委員会において、委員たちが激論のすえ、前述の患者たちは「BSEの牛から感染した可能性がある」との結論に至りました。

発表は三月二十日、保健省の大臣が英国議会で行いました。その趣旨は「変異型クロイツフェルト・ヤコブ病の患者が見つかり、その原因としてBSEが否定できない」というものでした。これがいわゆる狂牛病パニックのはじまりです。

――政府の発表は慎重ないいまわしですが、人々の置かれた状況を想像すればパニックが起きて当然ですね。

牛から人への感染が確認されたことは、ＢＳＥが「種の壁」を越えたことを意味します。この報告は、専門家や研究者にとってもとても衝撃的なものでした。

政府の公式発表は「否定できない」という表現でしたが、その後、英国家畜衛生研究所やロンドン大学グループの研究によって、実験的にもＢＳＥとその変異型ＣＪＤは、同じ病原体によることが明らかにされました。わかりやすくいえば、変異型ＣＪＤはＢＳＥが人へ感染したものという結論です。

――その後、患者の数はどう推移したのですか。

一九九五年以降、患者の発生は毎年約二〇パーセントずつ、死亡数は約三〇パーセントずつ着実に増加しています。二〇〇一年九月現在、英国で発生した患者総数は一〇七人となり、そのほとんどがすでに死亡しています。英国以外ではフランスで四人、アイルランドで一人が死亡しています。

――欧州全体で一一二人ですね。現在はまだ潜伏期とすると、今後も患者は増えていくのでしょうか。

上昇傾向がどれくらい続くのかが、研究者の間でも大きな関心となっています。

英国では、BSEが発生した一九八六年から感染者がはじめて確認された一九九六年までに、七五万頭のBSE感染牛が食用に回ったと推定されています。こうした数値をもとに、当初は最大五〇万人の患者が発生するとの推測も出されました。

新しいところでは、昨年、オックスフォード大学のグループが発表した試算があります。それによると、発病までの潜伏期がもし二十年以下であれば一三〇〇人の患者、六十年以上であれば最大一三万六〇〇〇人としています。また、潜伏期については、もっとも短い場合で九年間と推定しています。

いずれにしても、現時点では潜伏期がどれほどになるかがわからないため、推定の患者数には大きな幅が伴わざるをえません。

◎肉骨粉の全面禁止措置でＢＳＥは消失するか

——英国でのＢＳＥは今後どうなるのでしょうか。

英国でのＢＳＥは終息の方向に向かっていると考えられます。ここは非常に重要なポイントですから、その背景について説明します。

英国で一九八六年にＢＳＥがはじめて確認されたあと、調査の結果から、感染源は肉骨粉であることが突き止められました。八八年、英国政府は、牛や羊などの反芻動物に対しては、肉骨粉を与えることを禁止しました。牛と羊だけを対象に、餌の規制という感染防止の網をかぶせたわけです。

一方、反芻動物ではない豚と鶏については、肉骨粉の使用を禁止しませんでした。その理由は、豚と鶏はＢＳＥに感染しない、ゆえに肉骨粉を与えてもさしつかえないというものでした。たしかに豚や鶏の場合はＢＳＥの牛を実験的に食べさせても発病していません。

ところが、肉骨粉の禁止措置がとられたにもかかわらず、現実にはＢＳＥ牛の発生は続きました。調べてみると、牛が豚や鶏と一緒に飼育されているような農家では、餌が区別されることなく使用されていたり、あるいはまた、飼料の製造や流通の過程で肉骨粉が混入する、といった実態が判明したのです。

要は、牛、羊だけに肉骨粉の使用を禁止しても、実際には牛の飼料に肉骨粉が混じり、牛の口に入ってしまっていた。つまり、肉骨粉を全面的に禁止し、感染源を完全に絶たないかぎり、ＢＳＥの感染防止は難しいことが明らかになりました。

――「少しくらい混じってもいいだろう」と安易に考えては駄目なんですね。

実験データでは、ＢＳＥに感染した牛の脳を、子牛にわずか一グラムを食べさせただけで、数年後に発病しています。一グラムの脳を粉末にすれば、水分がとんでせいぜい〇・一グラム。ほんの微量であっても、混入すれば牛に感染しうるのです。

――〇・一グラムというと、耳かき一杯あるかないかの量でしょうか。その肉骨粉の全面禁止が打ち出されたのはいつのことですか。

一九九六年、いわゆる狂牛病パニックが起きた直後でした。この時点で、すべての家畜に対して、肉骨粉を餌として与えることが禁止されました。牛、羊はもとより豚や鶏も全面禁止です。この措置によってはじめて、餌の安全性が確保されたことになりました、餌の規制だけでなく、生産から流通に至るまで、英国ではさまざまな安全対策がとられました。

その結果、現在、年間二〇〇〇頭の発生がまだ起きてはいるものの、全体としては沈静化に向かっています。監視体制と安全対策が継続されることで、ＢＳＥはいずれ消失するという楽観論も強まっています。

◎安全対策と科学的根拠――ＢＳＥは生前診断ができない

――安全対策についてですが、人へのＢＳＥ感染を防ぐために英国で実施されている方法というのはどのようなものでしょうか。

食肉の安全性を確保するため、これまでに二段階での規制が実施されました。

第一は一九八九年から実施された対策で、英国では生後六カ月齢以上の牛について、感染を起こす可能性のある特定の臓器を、食用からあらかじめ除外するというものです。

さらに第二の規制として、いわゆる狂牛病パニックが起きた一九九六年、三十カ月齢以上の牛はすべて殺処分し、食用としない対策が追加されました。こうして二重の網をかぶせることによって、汚染された牛肉が市場に出ないようにしているわけです。

これらの対策の科学的根拠となっているのは、ＷＨＯ（世界保健機関）による「臓器の感染性についての分類」です。これをもとに、ＥＵ医薬品審査庁が修正したものが、現在は広く用いられています（45頁・表2）。

ただし、この分類は羊での研究がベースになっています。当時は牛でのデータを収集中であったためですが、現在は牛での成績が確かめられています。それによると、ＢＳＥの感染性が認められた臓器は、脳、脊髄、眼、回腸、末梢神経節、骨髄です。

このうち、末梢神経節と骨髄については、感染リスクは非常に低いレベルです。したがって感染リスクが高いのは、脳、脊髄、眼、回腸遠位部（45頁・図2）の四つです。これらをまとめて「特定危険部位」と呼び、それ以外の部位は食べても感染することはありません。

なお、回腸遠位部とは、牛の頭から遠い位置という意味で、四〇メートルある牛の小腸の最後部一メートルのことです。

――特定危険部位を取り除けば、たとえBSEに感染した牛であっても、食べてもさしつかえないということですか。

問題ありません。牛の場合、異常プリオン蛋白が蓄積している組織を調べると、脳、脊髄、眼の三部位がもっとも多く、かなり落ちて回腸、末梢神経節などです。病原体が確認されるのは、こうした特定の部位のみです。ほかの組織には見出されていません。

したがって、危険部位を除去すれば、食べても安全です。

――危険部位を食肉から除外するという、対策の意味が飲みこめました。それから先ほど、生後六カ月齢以上という牛の年齢の区切りが出てきました。それはなにを意味するのですか。

牛の場合、BSE感染が問題になるのは生後十二カ月以上の牛だけです。EU諸国では生後十二カ月未満であれば、脳や脊髄も食べています。英国の場合は生後六カ月齢以上としていますが、これは単に食文化の違いによるものです。

――子牛の期間は、BSEに感染しないということですか。

紛らわしいのですが、子牛が感染しないという意味ではありません。生後十二カ月未満

●図2—牛の危険部位

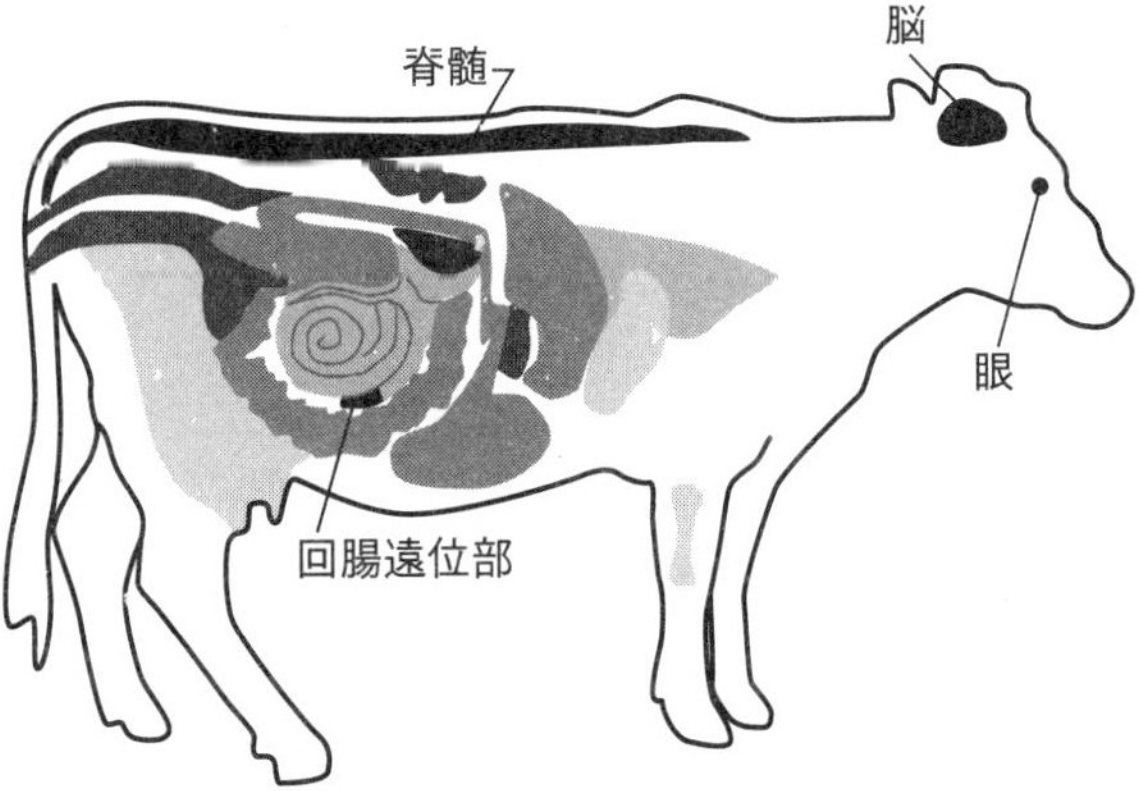

●表2—臓器分類毎の感染リスク

(EU医薬品審査庁によるスクレイピー感染羊の成績)

カテゴリー1 (高度感染性)	脳*, 脊髄*, 眼*
カテゴリー2 (中等度感染性)	回腸遠位部*(尾に近い部分), リンパ節, 脾臓, 扁桃, 結腸近位部(頭に近い部分), 硬膜, 松果体, 胎盤, 脳脊髄液, 下垂体, 副腎
カテゴリー3 (低感染性)	結腸遠位部, 鼻粘膜, 末梢神経節*, 骨髄*, 肝臓, 肺, 膵臓, 胸腺
カテゴリー4 (検出可能な感染性なし)	凝血, 糞便, 心臓, 腎臓, 乳腺, 乳汁, 卵巣, 唾液, 唾液腺, 精嚢, 血清, 骨格筋, 睾丸, 甲状腺, 子宮, 胎児組織, 胆汁, 骨, 軟骨組織, 毛, 結合組織, 皮膚, 尿

2000年12月に、カテゴリー1・2の組織を医薬品や化粧品の原料として用いることが禁止となった。表中の＊印はBSE牛で感染が検出された臓器。

の牛であれば、仮に汚染された肉骨粉を食べていたとしても、異常プリオン蛋白はほとど蓄積していないのです。子牛では病原体は仮にあってもごくわずかであり、問題ないと考えられています。

――もう一つ、生後三十カ月齢以上の牛は食用禁止、というのはどんな意味ですか。

実際には、ＢＳＥは三歳齢以上、つまり三十六カ月齢以上でないと起きていません。安全対策のうえでは、三十六カ月以上の区切りでよしとされます。それを三十カ月齢としたのは、ちょうどその頃に、牛の歯並びが変わるという事情が関係しています。特徴的な歯が生えて、外見上、年齢を識別しやすいため、三十カ月齢の区切りが設けられたのです。この対策によって、英国ではこれまでに、のべ四五〇万頭の牛を殺処分してきています。そのうち、焼却できたのは三五万頭です。残りは肉骨粉と獣脂という形で保管され、焼却を待っています。

――すると、たとえＢＳＥに感染していない牛であっても、三十カ月齢以上の牛はみんな殺処分になるのですか。

現在のところ、BSEは生前診断ができません。牛が生きた状態のまま、感染の有無をチェックし、選別することは困難です。食肉の安全性を確保するためにやむをえないとはいえ、科学的根拠がないまま、英国が膨大な数の牛を殺処分しているのも事実です。生前診断の確立は急務の課題です。

なお、牛から人への感染防止と、安全対策の細かな側面については、次の第二章で改めてふれることにしましょう。

◎汚染された肉骨粉が世界に出回る

――BSEが英国では下火になりつつある一方、こんどはフランスはじめヨーロッパ諸国でもBSEが発生してきました。さらに日本へも。こうした世界的な広がりは、どう理解したらよいのでしょうか。

まず流れを簡単に整理してみましょう。

一九八六年に出現した牛の病気BSEは、これまでに三回の大きな波がありました。第一の波は、英国での発生が急増し、BSE牛が一万五〇〇〇頭に達した一九九〇年。第二の波は、牛から人への感染が報告された一九九六年。いわゆる「狂牛病パニック」が起きたときです。

そして第三の波が、ＥＵ（欧州連合）へとＢＳＥが拡大した一九九九年暮れです。ＢＳＥが急増したフランスをはじめ、イタリア、スペイン、ドイツなど、それまで発生のなかった国々へと舞台はいっきに広がりました。そして、その波がついに日本にも押し寄せてきたわけです。

こうした世界的な拡大の要因はただ一つ、汚染された肉骨粉です。ＢＳＥは餌による経口感染で広がる病気です。逆にいえば、病原体が含まれる餌さえ与えなければ、牛の感染は起こりません。科学的な見地からは、エイズなどと比べると、感染防止はきわめて単純です。しかし、科学的には単純でも、政治や経済の仕組みはまた別です。近代畜産では、市場や効率といった経済原理が働きます。ＢＳＥの世界的広がりは、英国産の汚染された大量の肉骨粉が、商品経済の流れの中で世界各国へと拡散したことを物語っています。

——汚染された肉骨粉は、いつ頃、どれくらいの量が、世界に出回ったのでしょう。

前に述べたように、英国では一九九六年に肉骨粉を全面的に禁止しました。この時点ではじめて餌の安全性が確保されたわけです。つまり、そこに至るまでの一九八〇年代から九六年までに、英国で製造された肉骨粉は、汚染されているものとみなせます。

それらの肉骨粉は、英国での一九八八年の最初の禁止措置以来、ヨーロッパ諸国（51頁・表4）や日本を含むアジア各国（50頁・表3）に輸出されていることがわかっています。このデータは英国政府の報告書で公表されており、禁止措置がとられて以降に、輸出量が大幅に増えていることが見てとれます（50頁・図3）。

また、ヨーロッパ諸国での発生状況を見ると、英国に次いでもっとも発生の多いフランスをはじめ、デンマーク、ドイツ、オランダ、ベルギー、スペイン、ポルトガル、イタリアなど大陸全土に広がっています（52頁・表5）。これらBSE牛のほとんどは、一九九六年までに英国から輸出された汚染餌からの感染と見られています。

――ということは、何年も前に輸入餌から感染した牛が、潜伏期を経て発症しているわけですか。

そう考えられます。BSEの平均潜伏期間は五年であることをふまえると、英国から輸入された汚染餌が、ヨーロッパ諸国での感染源であることは間違いないでしょう。すでに感染した牛が発症しているわけで、新たな感染が起きているのではありません。

●図3―英国からの肉骨粉・臓物などの輸出（単位：トン）

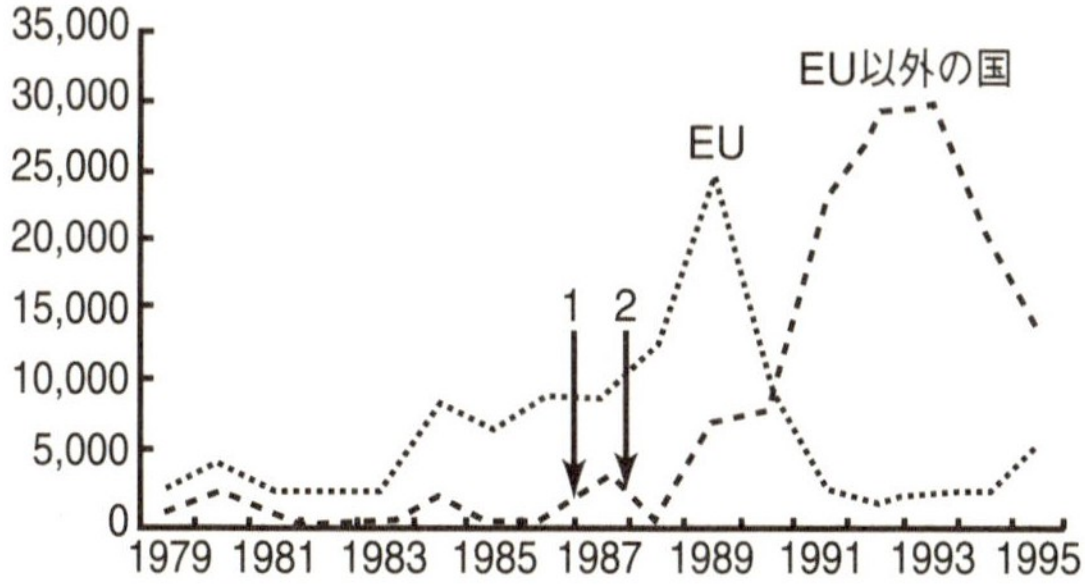

(1) BSE発生の確認（1986年11月）
(2) 牛・羊などの餌の規制強化（1988年7月）

●表3―英国からアジアへの肉骨粉輸出量（単位：トン）

国　名	1988	1989	1990	1991	1992	1993	1994	1995	1996
バングラデシュ								1	
ブルネイ							20		
ミャンマー								15	
中　国								108	237
香　港							237	3	
インドネシア				2,020	14,047	20,339	14,573	8,508	6,904
日　本			132	62	43	31	64	0	1
マレーシア			19				20	0	
パキスタン								43	
フィリピン					145	105	733	482	553
シンガポール				801					687
韓　国			1	220	1,010	103		20	
スリランカ	121	20		693	1,242	1,417			
台　湾		200	1,143	2,023	280	87		42	823
タ　イ			1,574	6,239	4,408	2,157	1,688	1,184	1,309

出典：H. M. Customs and Excise data（英国関税デ

●表4―英国から欧州などへの肉骨粉輸出量（単位：トン）

国　名	1988	1989	1990	1991	1992	1993	1994	1995	1996
オーストリア						12	1		24
ベルギー	274	1,605	1,131	740	13	1	42	24	309
カナダ						30	22	31	42
キプロス						230	0	6	
デンマーク		60	34	248	180				
フィンランド					21	10	29		23
フランス	7,222	15,674	1,148	20	94		156	802	455
ドイツ	559	578	14	5	5	5	0	23	0
ギリシャ							101	148	
アイスランド				48	133	246	30	498	367
アイルランド	2,555	900	234	485	232	279	356	400	1,745
イスラエル	92	2,718	3,677	9,816	7,265	4,008	1,486	945	447
イタリア	38	89	130	128	139	1,785	456	883	566
ヨルダン					50	231	212	107	
ケニア		342	100				1		381
レバノン	60	80			175	99			
マルタ	299	220	267	182	119	58	40	43	23
オランダ	1,826	6,009	7,380	1,089	814	156	1,223	3,445	2,130
ノルウェー				11	37	144	5	3	7
ポーランド							55	122	
ポルトガル	80			6					44
ロシア								453	2,646
サウジアラビア	5	3,462	357					80	
スペイン					18		10	36	202
スウェーデン	76		652	6		64	6		
スイス			0					218	0
トルコ				380			6		

出典：H. M. Customs and Excise data（英国関税データ）

●表5—世界のＢＳＥ発生状況（OIE：2001年10月現在）

国名／年	89	90	91	92	93	94	95	96	97	98	99	00	01	total
ベルギー	0	0	0	0	0	0	0	0	1	6	3	9	35	54
チェコ共和国	0	0	0	0	0	0	0	0	0	0	0	0	2	2
デンマーク	0	0	0	*1	0	0	0	0	0	0	0	1	4	6
フランス	0	0	5	0	1	4	3	12	6	18	31	161	202	443
ドイツ	0	0	0	*1	0	*3	0	0	*2	0	0	7	114	127
ギリシャ	0	0	0	0	0	0	0	0	0	0	0	0	1	1
アイルランド	15	14	17	18	16	19	16	73	80	83	91	149	165	756
日　本	0	0	0	0	0	0	0	0	0	0	0	0	1	1
イタリア	0	0	0	0	0	*1	0	0	0	0	0	0	37	38
リヒテンシュタイン	0	0	0	0	0	0	0	0	0	2				2
ルクセンブルク	0	0	0	0	0	0	0	0	1	0	0	0	0	1
オランダ	0	0	0	0	0	0	0	0	2	2	2	2	13	21
ポルトガル	0	*1	*1	*1	*3	12	14	29	30	106	170	163	75	605
スロヴァキア	0	0	0	0	0	0	0	0	0	0	0	0	2	2
スペイン	0	0	0	0	0	0	0	0	0	0	0	2	68	70
スイス	0	2	8	15	29	64	68	45	38	14	50	33	25	391
カナダ					*1									1
フォークランド諸島	*1													1
オマーン	*2													2
英　国	7,228	14,407	25,359	37,280	35,090	24,436	14,562	8,149	4,393	3,235	2,301	1,537	318	181,255

英国は1988年以前のものも含めた合計

表中の＊印は、輸入による発生頭数

◎フランスでのBSE騒動に学ぶべきこと

――フランスは最近BSEの発生が急増したそうですが、どんな状況なのですか。

フランスでのBSE発生や対応については、先行例として日本が学ぶべき教訓も多いので、詳しく説明しましょう。

フランスでのBSE感染牛の過去十年間の推移をみると、一九九一から九九年までの発生数はのべ八〇頭です。ところが、二〇〇〇年になると急増し、一年間で一六一頭の感染牛が見つかっています。その前年は三一頭でしたから、いっきに五倍もの増え方です。

それまでフランスでは、BSEの発生が少ないことから、英国のような厳しい対策はとっていませんでした。九〇年に肉骨粉を牛の餌にすることは禁止したものの、豚や鶏への使用は認めていました。これは、かつて英国が体験したのと同じ落とし穴です。汚染された肉骨粉が、表面上は豚や鶏用として輸入され、闇で牛にも使用されていたと推測されています。

こうした対策上の抜け穴があったために、英国産の肉骨粉が大量にフランスへと流れる結果になりました。一九八八年から九六年まで英国から輸出された肉骨粉のうち、その半分はフランス向けであったともいわれています。

急増のもう一つの原因は、フランスが一九九九年春から、あとで述べる迅速プリオン検査をはじめたために、見かけ上健康な牛でもＢＳＥが見つかるようになったことです。

――だんだん背景が見えてきました。報道ではフランスで一時、汚染された牛肉が店頭に並んだというショッキングな動きも伝えられましたが。

二〇〇〇年十一月のＢＳＥ騒動ですね。発火点となったのは、フランスの代表的な三つのスーパーマーケット・チェーン店で、ＢＳＥ感染の疑いのある牛肉が一トン近くも売られていたことが判明したときです。発覚のきっかけは、屠畜場での検査でＢＳＥ感染牛が見つかったことでした。

実は当時、フランスをはじめＥＵのいくつかの国では、すでにＢＳＥの検査体制はしかれていました。三十カ月以上の年齢の牛が病気で死んだり事故で死んだ場合、脳の病変の有無を確かめ、さらに病原体である異常プリオン蛋白の検出も行われていました。

——にもかかわらず、感染が疑われる牛が店頭に出ていたのはなぜですか。

問題になった牛は、廃業した畜産農家から仲買人が購入した一三頭のうちの一頭で、この牛はすでに病気でした。それで、この一頭はあと回しにされて、ほかの牛は購入したその日のうちに屠畜場に連れていかれ、市場に出荷されました。そして最後に、この病気の牛を屠畜場に運んだところ、これがBSEと診断されたため、大騒ぎになったのです。

BSE対策では、もし感染牛が出た場合、同じ群れの牛は感染の疑いがあるとみなされ、すべて廃棄処分するのがルールとなっています。同じ餌を与えられていれば、感染の可能性が否定できないという理由からです。

ところが、この場合は、同じ群れの牛がすでに大手のスーパーの店頭に並んでいたのです。この仲買人は、BSE牛と知りながら隠して売った可能性が高いとして、身柄を拘束されたとも伝えられています。

このニュースは、さまざまな波紋を巻き起こしました。学校での給食から牛肉は消えました。また、フランス政府は骨付き肉の販売を禁止しました。これは、牛の解体で骨を切断する際、脊髄の組織が付着して、BSEプリオンに汚染する可能性があるからです。骨付き肉が消えた結果、クリスマスを前にしてTボーンステーキが食べられなくなりました。

さらに、食品安全団体からの要望を受けて、牛の腸を食用にすることも禁止されました。小腸にもわずかながらプリオンが見つかるために、大事をとったのです。牛の腸は、フランスの伝統食品である大型ソーセージを包む皮として用いられているものです。牛以外の動物の腸で伝統食品を包むことになるのかと、パリ市民の嘆く声も聞かれました。

一頭の感染牛の発生が社会にもたらす波紋は、想像以上に複雑です。

――そうした騒動が契機となって、フランスでも肉骨粉が全面的に禁止されたのですか。

二〇〇〇年十一月中旬、シラク大統領は急遽、肉骨粉の使用を全面的に禁止し、牛だけでなく、豚や鶏、魚に使用することも禁じました。また、肉骨粉の輸入も禁止されました。ところが、この措置が一方では、また新たな問題の導火線となりました。牛の餌の切り替えをめぐってです。

動物蛋白である肉骨粉のかわりに、植物蛋白に切り替えるとなると、米国などから原料を輸入せざるをえなくなります。こんどはその中に、遺伝子組み換え大豆やトウモロコシが含まれるおそれのあることが、フランスでは大きな問題となっています。

また、禁止措置で残った大量の餌の処分も難題でした。第三章でまた詳しく述べますが、病原体である異常プリオン蛋白は、ウイルスや細菌と異なって、通常の加熱処理では不活化しません。ちなみに、英国での狂牛病パニックの際は、セメント製造用の高温焼却炉が利用されました。セメントは一四〇〇度くらいの超高温で焼いて作られるからです。

参考までに日本では、ダイオキシン対策をふまえた焼却炉は八〇〇度以上となっています。実験では、異常プリオン蛋白は六〇〇度十五分の加熱で、感染性は一〇億分の一に低下することが明らかになっています。八〇〇度以上で完全に焼却すれば、感染性は完全になくなります。

◎日本でのBSE第一例——不可解な「疑似」判定

——ところで、英国産の肉骨粉が海外へ大量に輸出されたといいますが、その中には日本も入っているのですか。

英国政府の資料によれば、日本でも一九九六年までに三三三トンの肉骨粉が輸入されたといわれています。ただ、そのほとんどは鶏用や肥料として用いられ、牛の餌に回ったのは多くないともいわれていますが、詳しいことはわかっていません。

——日本での輸入データはないのですか。

今のところ、公式な報告は出されておらず、確認することができません。

最近、農水省では英国政府の調査を確かめた結果として、日本に輸入された三三三トンはほとんどがフェザーミール（鶏の羽から作った飼料）だったとの見解を発表しました。

一方、英国産の肉骨粉の流出について、国際獣疫事務局（OIE）の小澤義博特別顧問は、次のように指摘しています。

「英国からヨーロッパ、中東、アジアの各国へ、正規のルートで直接輸出された肉骨粉の量は、英国の統計で明らかにされています。しかし、これらの輸入国からさらに別の国へ流出した量は、まったくつかめていません。おそらくEU諸国から別の国々、例えばスイス、東欧、中近東、アジアなどの諸国へ流出した肉骨粉も多いと考えられています」

こうした背景をふまえ、国連食糧農業機関（FAO）は、二〇〇一年一月、BSEの発生が世界に広がる可能性のあることを警告しています。

——英国の肉骨粉が、国から国を経由し、世界中に拡散した可能性が高いのですね。

そうです。そうした非正規ルートの肉骨粉が、日本にも流入している可能性は否定できません。したがって、日本での当面の問題は、感染牛の発生を迅速に確認し、まず実態を正確に把握することです。実態が把握できれば、有効な対策を打てるからです。

英国を中心として、BSEに関する研究や、安全対策に関する知見は集積してきています。ちなみに、英国BSE調査委員会が二〇〇〇年九月に発表した報告書は、全十六巻四八〇〇ページもの膨大な内容です。

ヨーロッパの先行例、体験から、日本が参考や教訓にできることは非常に多いのです。

――日本でもこの九月、千葉県でBSE感染牛の第一例が見つかりました。発表までのもたつきや、その後の対応の混乱など、すっきりしない印象を受けます。

千葉県で最初の症例が見出されたのは、農林水産省がBSE対策の一環として、監視計画を進めていたことが背景にあります。

この計画に基づいて、神経症状を示す牛の検査を行っていたところ、たまたま感染牛が見つかったわけです。ここまではいいのですが、その後、BSEと診断が確定されるまでのプロセスや、発表前後の対応には大きな混乱が見られました。

経過にしたがって説明しますと、該当の牛は最初、検体(脳の延髄の一部)を迅速プリオン検査キットを用いて検査し、ここでは陰性（－）つまりシロと判定されました。この検査キットは生化学検査法によるもので、導入のための予備テスト中に、たまたま今回の事態がもちあがったわけです。

一方、病理組織学検査では、この検体にＢＳＥの病変である空胞が見られたため、さらに免疫組織化学検査を行ったところ、異常プリオン蛋白が検出されました。つまり、この時点でＢＳＥの確定診断はできていました。ところが、なぜか「疑似」とされ、英国に確認を依頼するという不可解な対応となりました。

後者の検査方法は、ＣＪＤの確定診断に用いられるのと同じ試験方法で、すでに確立した信頼性の高いものです。一方、前者の迅速プリオン検査は、試験的に用いられていたもので、陰性を示した理由はわかりません。

奇妙なのは、科学的に信頼性の高い、すでに確立した診断法の成績と、試験的段階の検査方法の成績とが同等に取り扱われ、「疑似」という判断になったことです。こうした対応は、科学的見地からはとうてい理解できないものです。

ともあれ、この不可解な対応が、混乱に拍車をかけたことは間違いありません。後日談として聞くところによると、迅速プリオン検査で陰性の結果が出たのは、脳組織の採取部位が指定された部位ではなく、その周辺であったためとの指摘が、検査キットのメーカー側からなされたそうです。

――BSEは潜伏期の段階で見つけられないのですか。また、見かけ上で感染の兆しのようなものはないのですか。

発病する前、すなわち潜伏期の段階で診断できれば望ましいのですが、今のところ生前診断は不可能です。これは、BSEについても変異型CJDについても同じです。

また、感染の有無を外見上で確認することはできません。欧州では、見かけ上健康な牛からも、感染牛が見つかっています。ですから、感染牛を発見するには、プリオン検査に基づく徹底した監視体制が不可欠です。

現在、BSEの検査方法としては、生化学検査、病理組織学検査いずれも、屠畜場で解体した牛から脳の延髄の一部を採取したもので行います。

病理組織学検査の診断法は、すでに科学的に確立したものですが、生化学検査では近年、世界各国の企業が競合して検査キットを開発しています。これは、簡便に短時間でBSEプリオンを検出するもので、迅速プリオン検査とも呼ばれています。

迅速プリオン検査は、メーカーによって若干違いはあるものの、非常に高感度に作られているため、判定結果にわずかながらブレが生じます。精密に調べれば実は陰性の検体が、疑陽性と出る場合もあるわけです。ＢＳＥの検査で重要なのは、感染牛を見逃さないことであり、こうした判定のブレは、安全確保のための許容範囲と考えるべきでしょう。

ＢＳＥの検査については、次の第二章でまた詳しく説明します。

第二章　感染防止と安全対策を知る

◎正しい知識を身につけることが危機管理の第一歩

――第一章ではBSEという新たな牛の病気、その原因や背景、感染の防止など、あらましをうかがいました。英国ではじまったBSEが、海や大陸を越えて日本にもやってきたわけで、現代を象徴する出来事のように思えます。

「二十一世紀は感染症の時代」ともいわれています。交通、通信、輸送手段が発達した現代では、人や物の国際交流がますます加速し、グローバル化しています。

こうした環境は、感染症にとって拡大、飛散しやすい条件ともいえます。たとえば今日、熱帯地域のどこかで発見された未知の病原体が、明日には日本や欧米に上陸する可能性もありえます。そうした事例の一つがエイズウイルスです。

感染症を中心にして考えると世界はすでにひとつながりであり、地理的、時間的な隔たりはもはやないといってよいでしょう。国や人種や宗教などの壁を、感染症はいともやすやすと越えてしまいます。その意味ではウイルスや細菌などの微生物のほうが、人よりも先をいっているかもしれません。

BSEの場合も、こうした視野に立ってとらえ、対応を考えていく必要があります。感染防止の面では、専門家、研究者、国際機関が中心となって、国際的な指針やそれに基づく安全対策がすでに構築されてきています。

したがってBSEが日本に上陸したといっても、やみくもに恐れる必要はありません。危機管理の考え方にそえば、市民レベルでの第一ステップは、正しい知識を身につけることです。そうすれば過剰に不安をつのらせたり、誤った情報や風聞に惑わされることもないでしょう。

――「狂牛病がついに日本へ。あなたも危ない！」といった情報。逆に「安全です。大丈夫です」の情報。なにをどう考えたらよいのか戸惑います。

危険性や安全性について判断するためには、信頼できる科学的知識がよりどころとなります。これはBSEだけでなく、感染症の時代を生きるうえでの基本的態度といってよいと思います。

一方、科学が万能ではないこともわきまえる必要があります。BSEは新しい病気であり、科学的に解明されていない部分も多く、病原体のプリオン一つをとってもまだ多くのなぞに包まれています。

さらに、理論と違って現実社会では、人為的エラーなどの不確実な要素がたえず入りこみます。科学は常に一〇〇パーセントの安全を保証するものではなく、おのずと限界があります。

したがって、市民レベルでの危機管理とは、科学をよりどころとしながら、危険性と安全性のバランスを見きわめ、リスクを最小限に引き下げることを目指すべきでしょう。

◎国際的な安全基準を確立することが重要

――ここからは、安全対策、感染防止を柱に、さらに詳しくお聞きします。

BSEをめぐる人々の不安や心配は、せんじつめれば、①牛から人に感染しないか、②人から人に感染しないか、この二つにしぼられると思います。

たしかに、BSEにおける公衆衛生上の課題はその二点といってよいでしょう。順序としてまず、牛から人への感染防止について、背景もまじえながら説明します。人から人への感染については後半でお話しします。

牛から人への感染を考えたとき、現在の時点で問題となる牛は、一九九六年以前に輸入された肉骨粉からの感染と推測されます。つまり、過去において感染し、五年以上の潜伏期を経て発症しつつある牛です。

したがって対策は、潜伏している感染牛をいかに早く発見し、感染拡大をいかに阻止するか、この一点に尽きます。具体的にいえば、

①ＢＳＥ牛の監視システムを確立して、これらの牛が食用に回らないようにする。

②すべての家畜への肉骨粉の使用を禁止し、発病した牛から健康な牛へ感染が広がらないようにする。

あとはこれらをいかに確実に実施していくか、行政や現場レベルにかかっています。

ここで国際レベルに目を転じると、ＢＳＥの予防、制圧、根絶に関する国際的枠組み作りが進展しており、安全対策はほぼ出揃っているといえます。

――その国際的枠組みとはどのようなものですか。

中心となるのは国際獣疫事務局（Office International des Epizooties＝ＯＩＥ）がＢＳＥ清浄

化を目指して定めた基準です。

ＯＩＥとは、ＷＨＯが人間の健康を対象とするのに対して、動物の健康を対象とする国際機関です。ただしＷＨＯとは異なり、国連とは関係ありません。歴史的には国連よりも古く、七〇年余り前に設立されています。現在一五七カ国が加盟し、家畜の感染症を中心とした国際対策の中心的機関です。

ＯＩＥには「国際動物衛生規約」と呼ばれる規約があり、これが家畜の輸出入における健康証明の基礎となっています。この規約の中に、二〇〇一年、ＢＳＥの章が新たに設けられました。ひとことでいえば、ＢＳＥ清浄化のための国際的ルール（69頁・表6）といってよいでしょう。

現在、世界各国がこれに基づきながら対応しています。規約では、次のような基本的事項があげられています。

①ＢＳＥ発生に関するリスク評価
②ＢＳＥの強制的届け出体制
③ＢＳＥの監視・病理検査体制の確立
④肉骨粉の使用禁止

●表6—国または地域のBSE清浄度の分類（OIE）

1．BSE清浄国
1）BSE発生のないこと 2）教育、強制的届け出、監視システム、検査体制（7年間以上）または、強制的届け出体制が7年間以上で、肉骨粉飼料の使用禁止（8年間以上）
2．BSE発生のあった場合の清浄国
1）過去7年間以上BSE発生のないこと 2）教育、強制的届け出、監視システム、検査体制（7年間以上）肉骨粉飼料の使用禁止（8年間以上）
3．BSE暫定的清浄国
1）BSE発生のないこと 2）教育、強制的届け出、監視システム、検査体制（7年未満）または、肉骨粉飼料の使用禁止（8年以上）、強制的届け出体制（7年未満）
4．BSE発生のあった場合の暫定的清浄国
1）過去7年間以上BSE発生のないこと 2）3の2）の条件が満たされること
5．BSE低発生国（過去7年以内の発生）
100万頭につき100頭以下のBSE発生（過去12カ月）
6．BSE高発生国
100万頭につき100頭以上のBSE発生（過去12カ月）

といった内容です。

また二〇〇一年五月にはＥＵ（欧州連合）が、ＯＩＥとほぼ同様の内容で、ＢＳＥ発生の予防、制圧のための方針を正式に承認しています。

これらの国際規約に準じた対策が各国において実施されれば、ＢＳＥの発生が防止され、牛の間での感染根絶と同時に、人への感染の危険性もなくなるものと期待されます。

◎行政側はなぜリスク評価を直視しなかったのか

――ＢＳＥ対策の大枠はすでに固められており、あとはそれぞれの国が、いかに有効な対策を実行するかという段階に入っているのですね。日本での発生第一例は今年九月で、世界で十六番目の発生国と聞いています。しかし、国際レベルと国内レベルでは、かなりタイムラグがある印象を受けます。

ＢＳＥ問題はＥＵ諸国が先行していますが、特に英国では感染規模も大きく、事態は深刻です。人への感染がほぼ確実となり、すでに死者も出ています。国家的課題となっているだけに、政府も安全対策に注力せざるをえません。

いいかえれば、ＢＳＥ問題では英国が先導役を担っており、すでに調査、研究、実験データなどの科学的知見が膨大に蓄積されています。これらに基づいた英国政府の対策、さらにＥＵ諸国の経験や動向も含めて、日本が教訓、参考にできることは非常に多いのです。特に感染防止の面では、有効な対策を打つうえで大いに役立つはずです。

――日本でのＢＳＥ発生は、国際的に見ると予想されていたことだったのですか。

手がかりとなる一つの資料として、ＥＵが公表した世界各国のＢＳＥ発生のリスク評価があります。これは、ＥＵの加盟国で構成される欧州委員会がまとめたもので、委員会の諮問機関である科学運営委員会（ＳＳＣ）の調査に基づいています（73頁・表7）。一定の評価基準に基づいて、その国のＢＳＥ発生リスクの査定・分類を行ったものです。

――評価の基準はなんですか。

大まかにいえば、評価の基準は外部要因と内部要因に分けられます。外部要因としては、英国などＢＳＥが発生している国から肉骨粉をどの程度輸入しているか。内部要因としては、自国内で牛に肉骨粉をどの程度与えているか。こうした側面から判定、分類されています。分類表に日本が含まれていない点は、あとで述べましょう。

一方、こうした公式レベルとは別に、二〇〇〇年暮れ頃、EU諸国でBSEの初発例が出はじめた頃から、専門家の間では日本でのBSE発生の可能性が指摘されていました。日本もEU諸国と同様に、英国からBSE汚染の疑いのある肉骨粉を輸入していたからです。

その量は英国の統計によれば、計三三三トン。これが多いか少ないかは別として、ともかく無視してよい量ではありません。前章で述べたように、肉骨粉にわずか〇・一グラムのBSE牛の脳があっても感染しうるのです。

リスク評価に話を戻すと、前述のEU委員会では、日本でのBSE発生可能性について、「レベル3」に分類しようとしていました。レベル3というのは、「BSEはありそうだが、確認されていない。または低いレベルで確認されている」という段階です。

しかし、実際に発表された分類表には、日本はどこにも入っていません。これは農林水産省が、EUの判定基準が妥当でないという理由から、評価・分類されることを拒否したためです。

ただ、行政側も手をこまねいていたわけではありません。農林水産省は一九九六年、英

●表7—EUによるBES発生のリスク評価（2001年4月）

レベル4	英国, ポルトガル
レベル3	アルバニア, ベルギー, キプロス, チェコ共和国 デンマーク, エストニア, フランス, ドイツ, スイス アイルランド, イタリア, リトアニア, ルクセンブルク ポーランド, オランダ, スロヴァキア, スペイン,
レベル2	オーストリア, コロンビア, カナダ, フィンランド インド, パキスタン, スウェーデン, 米国
レベル1	アルゼンチン, オーストラリア, ボツワナ, ブラジル ナミビア, ニュージーランド, ニカラグア, ノルウェー シンガポール, スワジランド, ウルグアイ

レベル4の2か国のほか、スイス、フランス、チェコ、アイルランド、オマーン、オランダ、ベルギー、デンマーク、ルクセンブルク、ドイツ、ギリシャ、スペイン、リヒテンシュタイン、イタリア、日本の15か国、合計17か国でBSEが発生。

リスク評価のレベルは以下のように分類されている。
　レベル4：高いレベルの発生確認
　レベル3：可能性あり、または低レベルの発生確認
　レベル2：可能性はほとんどない、しかし否定できない
　レベル1：可能性がきわめて低い

国産の飼料の輸入に対する禁止措置をとっています。そして、そのことを理由に「日本は安全である」との立場をとってきました。

しかし、それ以前に汚染飼料がすでに日本に入っている以上、BSE牛発生の多少は別にして、感染の可能性を否定することはナンセンスです。リスクを直視しなかった、つまり危機管理の最初のつまずきが、行政の混乱や社会不安を招いた第一の要因でしょう。

行政としては、生産者保護や風評被害を防ぎたいという思惑もあるでしょうが、そこには「市民の安全を守る」という意識が残念ながら不足していました。

ただ、日本の行政はいったん動き出すと早いのも確かです。今後の対応に期待をかけたいものです。

◎今後は、BSE牛が見つかってよかったと思うべき

――牛から人への感染防止では、どんなことが基本になりますか。

BSEの人への感染防止は、科学的観点からはきわめてシンプルです。病原体の含まれる牛の組織を、食用、医薬品、化粧品に使用しないこと。これが原則です。

誤解されがちですが、ＢＳＥ感染牛といっても、牛がまるごと危ないのではありません。人への感染が疑われるのは、特定された臓器のみで、ほかはまったく安全です。具体的には「脳、脊髄、眼、回腸遠位部」の四つが特定危険部位です。これらが除去されれば、食肉部位（筋肉）や牛乳、乳製品は安全であると判断されています。

――特定危険部位についてもう少し詳しく話してください。

この科学的根拠となっているのは、第一章でもふれたように英国での実験、研究によるデータです。

感染性があるかどうかは、ＢＳＥ感染牛のさまざまな部位を集めて、脳などの組織はミキサーで液状にし、牛乳や血液などはそのまま、マウスの脳の中に注射して一年間以上観察し、マウスが発病するかどうかで調べます。脳内に接種する方法は、口から食べさせるよりも、一〇万倍高い効率で感染を起こします。いいかえれば、マウスの脳に注射した量の一〇万倍を、経口で接種した実験に相当します。その結果、特定危険部位以外の組織は、安全と判断されたのです。

――牛乳については、一部に危険だという声もありますが。

牛乳はマウスの脳に注射する実験でも、また大量に口から飲ませる実験でも、感染性は見つかっていませんし、また、乳を産生する組織である乳腺での感染性も見つかっていません。したがって、牛乳はまったく問題ありません。

――乳といえば以前、日本のCJD患者の母乳で感染性がみつかったという話を耳にしたこともありますが。

それは北里大学の玉井洋一教授が報告されたものです。たまたまCJDで入院していた三十八歳の女性がお産をしたことがありました。このような例は世界でただ一つの非常に珍しいケースです。その時に採った患者の初乳をマウスの脳に注射したところ、マウスが感染して発病したという報告です。

これは一九九〇年、厚生省の遅発性ウイルス研究班でちょうど私が班長をしていた当時に発表され、国際学術誌にも掲載されました。その時にはあまり関心はもたれなかったのですが、一九九六年に変異型CJDが見つかった際に、ヨーロッパで牛乳の安全性が問題になり、この論文が大きな波紋を引き起こしました。それまでBSEの牛、スクレイピーの羊、ＣＪＤの人、いずれの場合も、乳から感染性が見つかったことはなかったためです。

日本にもこのニュースが伝わり、厚生省で緊急会議が開かれました。そこで、ＣＪＤのマウス感染実験で世界の第一人者である東北大学の北本哲之教授が、問題の初乳を注射されたマウスの脳の組織をあらためて詳しく調べました。その結果、感染していた証拠は見つかりませんでした。このことは一九九七年度の研究班報告書に発表されたのですが、あまり知られていません。

――特定危険部位を取り除くということは、牛の解体の問題にかかわってきますね。市民、消費者レベルには見えにくい側面ですが。

行政では厚生労働省の管轄になります。ここで、ＢＳＥ問題での行政区分にふれておきましょう。

先ほど述べたように、肉骨粉や牛の管轄は農林水産省です。一方、飼育された牛が屠畜場の門をくぐると、そこからは厚生労働省の管轄。そして、解体後のくず肉や骨が集められ、飼料メーカーで肉骨粉として製品化されると、再び農林水産省の管轄に戻るわけです。

――ややこしい。同じ一頭の牛が、二つの省庁にまたがっているのですか。すると、安全対策はどんな区分けになるのでしょうか。

現在、日本では農水省、厚生労働省の連携による緊急安全対策が打ち出されています（79頁・表8）。それをご紹介しましょう。

まず、農水省の対策は農場でＢＳＥが疑わしい牛や、立てなくなった牛を対象としたものです。このような牛が見つかると、家畜保健衛生所で殺処分して脳について病理検査を行います。一方、動物衛生研究所（動衛研）では、次に述べる迅速プリオン検査で脳について異常プリオン蛋白の検出を行います。ここで陽性と判断されたサンプルは次に確定検査にまわされて、さらに厳密に調べられることになっています。

厚生労働省は、屠畜場に送られてくる牛を対象とした安全対策を行います。これは年齢を問わずすべての牛についてのものです。まず、特定危険部位が除かれ、これらは焼却されます。次に脳の中の延髄の一部からプリオン検査用のサンプルを採ります。正確には「かんぬき」と呼ばれている部分で、ＢＳＥ牛ではここにもっとも大量に異常プリオン蛋白が蓄積します。このサンプルは全国一一七カ所にある食肉衛生検査所で迅速プリオン検査のキットを用いて調べられます。ここで陽性と判定されたものが確定検査にまわされます。

●表8—農水省・厚生労働省による安全対策案

《BSEの伝播防止と食肉の安全対策》
■BSEの伝播防止（農水省） —肉骨粉の全面的使用禁止 —監視体制の強化：24ヵ月齢以上の行動異常、神経症状の牛 BSE検査：スクリーニング（エライザ） 陽性例—確認試験（ウェスタン・ブロット、免疫組織化学） ■食肉の安全対策（厚生労働省） 屠畜場に搬入されるすべての牛に対して —特定危険部位（脳、脊髄、眼、回腸遠位部）の 排除と焼却（800度以上） —BSE検査：スクリーニング（エライザ） 陽性例—確認試験（ウェスタン・ブロット、免疫組織化学） —安全な解体手順：背割りにおける脊髄片の飛散防止

《食肉の安全対策》

	英国	EU	日本
特定危険部位の排除	6ヵ月齢以上	12ヵ月齢以上	すべての年齢
屠畜場検査	30ヵ月齢以上	30ヵ月齢以上	すべての年齢
	殺処分	プリオン検査	プリオン検査

日本ではEUよりさらに厳しい対策がとられている。

この迅速プリオン検査は五、六時間で済みますので、陰性と判定された牛の肉や内臓は翌日には市場に出されます。

迅速プリオン検査はスクリーニング（ふるいわけ）検査で、この際に大事な点は、陽性のものを誤って陰性として見逃すことがないように配慮することです。日本が採用した検査キットは現在利用できるもののうち、もっとも検出感度が高いものですので、見逃す危険性はまずありません。

迅速プリオン検査で陽性と判断されたサンプルは帯広畜産大学などに送られて、ここで確定検査が行われます。この検査で陰性の牛は市場に出され、陽性と判定された牛は焼却されます。

――一度、迅速プリオン検査で疑惑の牛が市場に出たとして騒ぎになりましたが。

迅速プリオン検査はエライザ法と呼ばれるもので、陽性の反応は黄色の発色で判断します。無色ならば陰性です。黄色の濃さは器械で読みとるのですが、その成績はクロ、シロといった形ではなく、連続した値で出てきます。そこで、陽性と判断される値よりも低い値も、本来、これは偽の陽性なのですが、見逃さないようにするために、陽性としているのです。これが一部で疑惑の牛と伝えられてしまったのです。

――日本の安全対策は、英国やヨーロッパと比べると、どうなのですか。

英国では六カ月齢以上の牛について特定危険部位を除去しています。そして、三十カ月齢以上の牛は前にお話したように、すべて殺処分して食用にはまわしていません。

EU諸国では十二カ月齢以上の牛について特定危険部位の除去を行っています。三十カ月齢以上の牛については、迅速プリオン検査を行い、陰性の牛を食用にまわしています。

日本では、特定危険部位の除去、迅速プリオン検査のいずれも、すべての年齢の牛について行っていますので、世界でもっともきびしい対策になっています。あとは打ち出した対策をどこまで確実に実施できるかにかかっています。安全確保、すなわち病気の牛を早く発見し、汚染された食肉を市場に出さないことが、社会の信頼形成につながるでしょう。

――川にたとえると、危険なものは上流でチェックし、下流へ流れないようにするという仕組みですね。チェック機能にぜひ期待したいです。ところで、迅速プリオン検査はEUですでに実施されているそうですが、どんな状況なのですか。

二〇〇〇年暮れから、ＥＵ諸国でＢＳＥ牛の初発例や急激な増加が見られていますが、その大部分はこの迅速プリオン検査で見出されたもので、そのほとんどは健康な牛でした。たとえば、二〇〇一年一月から五月末までにＢＳＥと判定された牛のうち、ドイツでは六八例中六六例、スペインは四五例中三九例、イタリアでは一五例すべてが潜伏期中の健康な牛です。

これらの国でＢＳＥ牛の数が増加している理由の一つは、この迅速プリオン検査が導入されたことにより、検出率が高くなったためという指摘もあります。つまり、検査が有効に機能していることを示しています。迅速プリオン検査の成績は、ＢＳＥ牛が食用に回ることを防ぐだけでなく、各国におけるＢＳＥ汚染の実態が明らかになり、それに基づいた対策を可能とする点で大きな意義があります。

——検査体制が整備されると、これから日本でも第二例、三例とＢＳＥ牛が出てくるでしょうか。

現在、日本にＢＳＥに感染した潜伏期の牛がどれくらいいるのかは不明です。したがって、リスク管理の考え方に基づいて、汚染餌を与えられた牛はほかにも存在するという前提で、感染の広がりを防がなくてはなりません。それが、もっとも現実的で有効な対応でもあります。

日本でもプリオン検査が進むにつれて、今後、ＥＵ諸国と同じような結果が出てくる可能性はありえます。

今後の検査結果について厚生労働省では、ＢＳＥの確定診断が出た段階で公表するとしています。その際、マスコミや社会は、ＢＳＥ牛の発生に対してマイナスイメージではなく、病気の牛が見つかってよかったと、肯定的に事態をとらえるべきでしょう。

検査が機能すれば、日本でのＢＳＥ汚染の実態があぶり出されてきます。実態が把握できれば、対策も容易となります。実態が不明なままでは、有効な対策は立てられません。ともあれ、検査体制が万全に機能すれば、危ない牛肉は市場に一切出ない、安全な食肉しか出回らない、という状態が確保されるはずです。

◎牛原料の加工食品は安全か

――特定危険部位の除去に関連して、もう少しお聞きします。牛を解体する際、日本では背割りという方法がとられていると聞きます。脊髄が危険とすると、背骨を割る際に食肉部分に汚染が

広がる可能性はないのでしょうか。

背割りの方式は、日本だけでなくEUでも現在行われています。フランスなどでは真空で脊髄をあらかじめ吸い取る方式を、二〇〇二年一月から採用する予定になっています。しかし、欧州の牛と日本の牛ではサイズが違っていることもあって、フランスの装置が利用できるかどうかわかりません。日本独自の方式も検討されています。

背割りでの感染の可能性については、まず脊髄液には感染性はないので、食肉を汚染する心配はありません。病原体は脊髄の組織の中に含まれていて、溶出するようなことはありません。したがって、汚染の可能性が考えられるのは脊髄の破片のみです。

そこで、脊髄の取り扱いについて厚生労働省では次のような方法を省令で指示しています。背割りを行う際は、鋸の歯を水で洗い流しながら切断し、洗浄水から流された脊髄破片はすべて網受けで回収し、危険部位として八〇〇度以上で焼却する、というものです。

この方法であれば、現在でも技術的に対応可能です。将来的にはより安全な手順の検討を行うことが望ましいでしょう。

──脊髄が危険部位と聞くと、骨髄も気になりますが、どうなのでしょうか。

骨髄は時々議論になりますが、農場で感染したBSE牛では、骨髄に感染性は見つかっていません。実験的に大量の病原体を接種された場合、稀に低レベルの感染性が見つかっただけですので、国際獣疫事務局は骨髄を危険部位に指定していません。

――そのほか、牛を原料とする加工食品、たとえば牛エキスや牛脂などの安全性は。

加工食品から感染しうるかどうかを判断する科学的データはありませんが、感染の可能性はきわめて低いとみてよいでしょう。

厚生労働省では、牛を原料に使った加工食品について、メーカー側が安全性について自主点検し、その結果を報告するように求めました。この措置では、原材料の部位や産地、製造法などをメーカーが調査して安全を確認すること、特定危険部位が含まれる可能性のある場合は、メーカーによる自主回収を行うこととしています。

ただし、特定危険部位であっても、原産国がBSE発生国でないものや、WHOが示す加熱処理や化学処理で無毒化（感染性を失う）されたものは、安全とみなされ、自主回収の対象外とされています。

この厚生労働省の指導による調査報告は、二〇〇一年十月三十一日にまとめられました。

報告の結果では、一三万六二四五品目の加工食品のうち、回収の対象になったものは二二品目でした。

一般論ですが、牛が解体されてから加工食品になるまでには、非常に複雑な過程をふむといわれています。現代は食品の加工技術が複雑化し、流通も広域化しています。原料に危険部位が混じっているかどうかを確認するのは、実際には難しいケースも多いのではないでしょうか。これまでに製造、流通、購入された製品については、最終的には消費者の判断、選択の問題になるのかもしれません。

——これも加工製品ですが、牛由来のゼラチン、プラセンタなどはどうですか。

ＷＨＯの専門家委員会では、安全とみなすという見解です。その理由として、ゼラチンの原料である皮や骨には感染性が検出されず、しかも強い酸と強いアルカリで処理しているため、としています。

しかし一方では、強いアルカリ処理（苛性ソーダ）は不活化効果が弱いと述べた別の報告もあり、研究者によってばらつきがあります。

プラセンタは胎盤から抽出されますが、ＢＳＥ牛の胎盤には感染性は見つかっていませ

9—プリオンの不活化方法

《プリオン不活化方法》
■完全に不活化させる方法 ＊焼却 ＊３％ドデシル硫酸ナトリウム（SDS）の中で100度５分間加熱 ■感染性を1000分の１以下に低下させる方法 ＊高圧蒸気滅菌装置（オートクレーブ）で132度１時間高圧滅菌 ＊１規定水酸化ナトリウム溶液に室温で１時間つける ＊１～５％次亜塩素酸ナトリウム溶液に室温で２時間つける

厚生省クロイツフェルト・ヤコブ病診察マニュアルを一部改変

ん。胎盤が使用禁止になったのは、スクレイピーの羊で感染性が見出されているためと考えられます。科学的根拠に基づいたものではありません。

あとでふれますが、医薬品、化粧品の場合は、厚生労働省が食肉よりも厳しい基準を設けています。

――ペットフードの牛肉はどうなのでしょうか。

加工食品に準じた考え方でよいと思います。原材料がBSEフリーの国、あるいは安全対策が確立されている国のものであれば、問題ないとみてよいでしょう。

なお、農林水産省では一九九六年の通達で、英国産の反芻動物（牛、羊、山羊など）を原料とした飼料およびペットフードの輸入を禁止するよう、関係団体に求めています。

――スープなど加工食品そのものを直接検査して、ＢＳＥに汚染されているかどうかをチェックする方法はありますか。

残念ながら今のところありません。先ほど述べた迅速プリオン検査キットは、牛の脳についてのみ検査できる方法です。牛由来の加工食品の安全確認の場合には、検出の対象がきわめて微量の異常プリオン蛋白となるため、現行の検査キットで調べることはできないのです。

――異常プリオン蛋白は、ふつうの調理の加熱では、感染力が弱まったり無害になることはないのですか。

異常プリオン蛋白はウイルスや細菌と違って熱に強く、通常の加熱レベルで死滅することはありません。異常プリオン蛋白を不活化するには、特殊な条件下での化学処理、高熱処理が必要です。完全に不活化する方法は焼却することです（87頁・表9）。

◎牛由来の医薬品、化粧品は安全か

――牛を原料とする医薬品、化粧品は安全ですか。

これまで医薬品・化粧品からBSEが人に感染したという例は、国際的にも報告されていません。牛由来の医薬品・化粧品については、現在、厚生労働省が食肉以上に厳しい対策をとっています。これは製品の性質上、治療での投与経路や濃縮の可能性を考慮しているためです。

製造業者に対しては、厚生労働省から次のような対策が指示されています。

①BSEが発生している国、またはBSE発生リスクの高い国を原産国とする牛由来の原料は使用しないこと。

②原産国にかかわらず、感染リスクの高い部位は使用しないこと。

具体的には、臓器分類表（45頁・表2）に基づいて感染リスクの高いカテゴリー1と2に該当する臓器を、医薬品・化粧品の原材料に用いることを禁止しています。

こうした措置の根拠となっているのは、一九九六年にWHO専門家委員会が発表した勧告です。長い表題ですが、「ＢＳＥの蔓延の防止と疾患からヒトの危険性を最低限度に引き下げるための国際専門家による対策の提案」。この勧告のうち、食品、化粧品、医薬品などの安全性に関する部分を紹介しておきましょう（91頁・表10）。

――ＢＳＥ問題で見えてきたことですが、牛は食肉や牛乳だけでなく、医薬品や化粧品など、ふだん気づかないところで実に多く使われているのですね。

牛の利用範囲の広さには驚嘆するほどです（92頁・表11、93頁・表12）。代表的なものを一部あげますと、医薬品や医療用具では、内服薬のカプセル、インスリン、ステロイド剤、副腎エキス、止血剤、五黄（漢方）、手術用の縫合糸、人工心臓弁など。化粧品や健康食品としては、グリセリン、コラーゲン、プラセンタエキス、カゼイン、ラクトフェリンなど。

そのほか革製品なども含めると、われわれの生活に牛がいかに貢献しているか、これはもっと広く知られてよい事実です。

繰り返しになりますが、このような牛に対して「狂牛」という言葉を用いることは、科学者としてはもとより、一個人としても容認できるものではありません。

ふだんは見えにくい側面ですが、ＢＳＥ問題を契機として、食の安全のみならず牛の貢

●表10―食品、化粧品、医薬品などの安全性

《食品、化粧品、医薬品などの安全性にかかわるＷＨＯ専門家委員会の勧告》
① 伝達性海綿状脳症の症状を示している動物のいかなる部分も人または動物の食物連鎖に入れてはならない。伝達性海綿状脳症の感染体をいかなる食物連鎖にも入れないように、伝達性海綿状脳症に感染した動物の屠殺および安全な処理をすべての国は確実に実施しなければならない。効果的な伝達性海綿状脳症感染体の不活化を確実に行うためのレンダリング（化製方法）をすべての国は見直すべきである。 ② すべての国は持続的サーベイランスを確立し、国際獣疫事務局（OIE）の勧告に従い、BSEの継続的監視体制と強制的報告体制を確立すべきである。監視データがない場合には、その国のBSEの状況は不明とみなす。 ③ BSE発生国はBSE因子を含む可能性のある組織を人および動物の食物連鎖には入れない。 ④ 反芻動物への飼料に反芻動物の組織を使用することを禁止する。 ⑤ 牛乳、乳製品は病原体が検出されておらず、ゼラチンは化学的に処理されているから安全とみなす。 ⑥ 医薬品についてはすでにBSE因子を伝播する危険性を減少する措置が策定され、適用されている。

●表11—牛由来の医薬品・化粧品

臓　器	医薬品	化粧品
脳		脳脂質
眼		ベンタタリカン
＊胎盤	胎盤エキス	胎盤エキス
＊副腎	副腎エキス	
骨髄		骨髄油
肝臓	肝臓エキス等	
胸腺		胸腺抽出エキス
膵臓	インスリン、キモトリプシン、 トリプシン、グルカゴン、 デオキシリボヌクレアーゼ	
胃		ムコ多糖体
血液	トロンビン、プラスミン、 プロトポルフィリン、プロトロンビン、 幼牛血液抽出物、ウシ血液抽出物	血清アルブミン、 血液除蛋白抽出物
結合組織		結合組織抽出物 （プロテオデルミン）
肩甲骨	コンドロイチン硫酸ナトリウム	
睾丸	睾丸乾燥末、ヒアルロニダーゼ	
骨		コラーゲン類
耳下腺	アプロチニン	
脂肪		牛脂
心臓	心臓エキス、チトクロームC	
靱帯		エラスチン
唾液腺	唾液腺ホルモン	
胆汁	牛胆、胆汁エキス末、 コール酸等、ステロイド等	
胆石	五黄	五黄
胆嚢	牛胆、胆汁エキス末、コール酸等	
乳	カゼイン、乳タンパク加水分解物等	カゼイン、ラクトフェリン
腸粘膜	ヘパリン類	
軟骨	コンドロイチン硫酸ナトリウム	コンドロイチン硫酸ナトリウム
肺	アプロチニン、ヘパリン類	
＊脾臓		脾臓エキス
皮膚	アキョウ	ケラチン、コラーゲン類、 ゼラチン
骨	アキョウ、ゼラチン、 ゼラチン加水分解物	ケラチン

●表12―医薬品関係の牛由来物の用途例

由来物	用途例
アキョウ	漢方製剤の配合成分
アプロチニン	急性循環不全等
インスリン	糖尿病等
カゼイン、乳タンパク加水分解物等	栄養剤
肝臓エキス等	肝臓用剤
キモトリプシン、トリプシン	炎症緩解用酵素
牛胆、胆汁エキス末、コール酸等	利胆剤
グルカゴン	分泌機能検査等（膵臓ホルモン）
睾丸乾燥末	滋養強壮剤
五黄	動物生薬（六神丸などに配合）
コンドロイチン硫酸ナトリウム	関節痛等
心臓エキス	滋養強壮
ステロイド等	ステロイド剤
ゼラチン、ゼラチン加水分解物	栄養剤
＊胎盤エキス	皮膚炎・肌あれ等
唾液腺ホルモン	初期老人性白内障等
チトクロームC	脳梗塞等
デオキシリボヌクレアーゼ	壊死組織の除去等
トロンビン	局所用止血剤
トロンボプラスチン	局所用止血剤
ヒアルロニダーゼ	浸潤麻酔の増強等
＊副腎エキス	関節の疼痛・腫張の緩解
プラスミン	繊維素溶液酵素
プロトポルフィリン	肝臓用剤
ヘパリン類	血栓塞栓症、血栓性静脈炎（痔核を含む）
幼牛血液抽出物、ウシ血液抽出物	脳梗塞等

表11・12共に、＊印は2000年12月に使用禁止となったもの。（45頁・表2参照）

献に対しても、社会の理解、関心が深まることを期待しています。

◎豚、鶏、魚、羊などの安全性は

――肉骨粉は豚や鶏の飼料、魚の養殖などにも使われていたそうですが、そうした肉や魚を人が食べても問題はありませんか。

豚、鶏、魚の場合は、まず問題ないと考えてよいでしょう。理論的に考えると、種が違えばプリオンの構造もかなり異なるからです。哺乳類と鳥類では違いますし、魚類はさらに違っています。病原体が「種の壁」を越えるのは、それほど簡単なことではありません。

また、病原体の伝播は、同じ種の場合は感染効率が高く、種が異なる場合は低くなります。BSEの場合、同じ汚染餌を与えられた一群の牛での感染率はわずか三パーセントです。同種であってもこの数字ですから、種の異なる豚や鶏、魚の場合は、心配するには及ばないでしょう。

科学的には、BSE病原体がほかの動物に感染するかどうかの問題は、伝達実験を行って発病の有無を確かめることになります。伝達の経路としては、経口で試す方法と脳内に接種する方法の二通りで行います。これで実験感染が成立するか否かを見るわけです。

英国での実験成績では、豚の場合、脳内接種で伝達されています。ただし、脳内接種は経口で与えた場合よりも、一〇万倍高い効率で感染を起こします。いいかえれば、脳に接種した量の一〇万倍を食べさせる実験に相当します。それだけの量のBSE牛の脳が含まれる肉骨粉を食べることは、現実にはありえません。また、経口では伝達されておらず、病変も見出されていません。症状を出して死亡した例もありません。

鶏の場合は、脳内接種でも経口接種でもどちらも伝達されていません。


――羊はどうでしょうか。BSEがもともと羊の病気スクレイピーに由来するとしたら、牛から再び羊にリターンして、BSEが羊に感染することはありませんか。


羊の場合は、EU諸国でもしだいに大きな問題になってきています。

BSEの感染源となった肉骨粉は、牛だけでなく羊にも餌として与えられていました。同じ餌を与えられた猫や、動物園のウシ科の動物でもBSEが引き起こされています。ただし、犬での発生は報告されておらず、その理由はわかっていません。ともかく、羊でもBSEが起こる可能性は否定できなくなっています。

実験レベルでは、牛のBSEが羊に感染し、発病することが報告されています。あくまで実験レベルの段階ですが、この結果は新たに複雑な問題を投げかけることになりました。

現在、科学者の間で議論となっているのは、羊の場合、スクレイピーとBSEはどう区別されるのかという問題です。もともと羊にあったスクレイピーなのか、それとも牛のBSEが羊に感染したものか、両者の症状はよく似ていて、臨床的には区別することが困難です。

議論の中には、羊も牛と同じように汚染した肉骨粉を与えられていたため、羊でもBSEが存在しているが、実際にはスクレイピーで覆いかくされているのではないか、という意見もあります。

したがって科学的には、羊のBSE感染はまだ明らかになっていません。一方、現実社会では、英国の場合、大半の羊がイースターの料理用として生後五～六カ月齢で食肉に回っており、長い潜伏期のBSEを発症する前に、ほとんどが解体されています。

羊のBSE感染がまだ確かめられたわけではありませんが、しかし、消費者の安全を期するために、現在、英国とフランスでは牛の場合と同様に、羊でも特定危険部位を食肉から除外する措置がとられています。

英国では羊の頭を取り除く方式で、脊髄は対象になっていません。フランスでは一歳以上の羊と山羊から、脳と脊髄を除去しています。

◎血液と医療器具——人から人への感染で注意すべきこと

——牛から人への感染防止についてお聞きしてきましたが、次に、人から人への問題に関してうかがいます。変異型ＣＪＤ（クロイツフェルト・ヤコブ病）は、人から人に感染する可能性があるのですか。

まず前おきですが、歴史的に古い孤発型（散発型）ＣＪＤでは、血液や血液製剤を介して、病気が人に伝播されたという報告はこれまでにありません。

ところが、ＢＳＥ牛からの感染とみなされる変異型ＣＪＤでは、人への感染が引き起こされる理論的危険性が出てきました。

——その理論的危険性というのはどんな意味ですか。

人から人への感染は、動物の場合と違って科学的実験で証拠を確かめることは不可能です。したがって、羊などの動物モデルを使った実験で間接的に確かめ、感染の可能性を理論的に検討していくことになります。そうした過程を経る中で、人から人への感染の危険性がしだいに示唆されてきた、という意味です。

感染経路として考えられるのは、血液と医療器具です。その理由としては、英国で変異型ＣＪＤの患者の虫垂から、異常プリオン蛋白が検出されたことがあげられます。この患者は発病の八カ月前、すなわち潜伏期中に、たまたま虫垂炎で摘出手術を受けていました。保存してあった虫垂を調べたところ、異常プリオン蛋白が見出されたのです。

一方、それ以前にも別の症例ですが、患者の死亡後の病理解剖で、扁桃から病原体の異常プリオン蛋白が見つかっています。なお、牛の場合は、リンパ組織に異常プリオン蛋白は見つかっていません。

――それはなにを物語っているのでしょうか。

虫垂や扁桃はいずれもリンパ組織です。リンパ組織で病原体の異常プリオン蛋白が見出されたことは、白血球に病原体が付着し、血液を介して感染を伝播する理論的危険性がある、という推測が成り立ちます。

そこで、潜伏期の感染者が多数存在するかもしれない英国では、こうした状況証拠をふまえて公衆衛生対策がとられることになりました。具体的には、まず血液の安全確保です。血液の汚染を防止するため、血液製剤の原料はＢＳＥ発生のない国から輸入し、また、輸血用の血液は白血球をフィルターで除去したあと、用いることにしています。ほかのヨーロッパ諸国、アイルランド、フランス、ノルウェー、ポルトガル、オーストリアなども、白血球の除去を方針としています。

また、一九九六年末、米国や日本でも対策がとられ、一九八〇年から九六年の間に、英国に通算六カ月以上滞在していた人からの献血を拒否する方針を決定しました。血液に病原体が混入する可能性を遮断するためです。

この対策は二〇〇一年に対象をさらに拡大し、一九八〇年以降、英国、アイルランド、スイス、スペイン、ドイツ、フランス、ポルトガルに通算六カ月以上滞在していた人、とされました。同年六月には、これらの人からの臓器提供も拒否することが決定されました。

――一連の対応は、かつて血液製剤にＨＩＶ（エイズウイルス）が混入した事態を、教訓的に改めて思い起こさせます。

今回に関しては日本の厚生労働省の動きもすばやく、生命の安全を第一とする方針で対応しています。

――もう一つの感染経路としてあげられた医療器具ですが、具体的にはどんなものですか。

内視鏡などの検査機器からメスなどの手術用具まで、対象は広範囲に及びます。注射針のようにディスポーザブル（使い捨て）で対応可能なものもありますが、内視鏡など対応困難な医療器具は少なくないでしょう。

ＨＩＶの出現以来、医療現場での感染対策の原則は、ＣＤＣ（米国疾病予防センター）のガイドラインに基づいて、ユニバーサル・プリコーション（血液や使用後の器具はすべて感染性があるものとみなして取り扱う）がとられています。

また、これまでＣＪＤ患者の治療に際しては、標準的な診療ガイドラインが設けられており、医療における感染対策もこれに準じた対応であれば問題ないと考えられます。このガイドラインでの化学的処理による消毒法では、プリオンの感染性は一〇〇〇分の一以下に不活化することが確認されています。

——逆にいえば、血液や医療器具を除いては、人から人への感染の機会はないのですか。

異常プリオン蛋白は空気感染もしませんし、経口感染もしません。理論的危険性があるのは血液と医療器具のみです。日常的な接触で人から人へ感染することはまったくありません。

◎変異型CJD患者の発生状況

——ところで、英国では変異型CJDの患者発生が累計で一〇〇人を越え、患者の多くは若い世代だそうですが、最近の状況はどうなのですか。

患者の発生については、英国保健省が毎月、患者発生状況を公表しています。年ごとの発生推移を見ると、一九九五年三人、九六年一〇人、九七年一〇人、九八年一八人、九九年一五人、二〇〇〇年三二人、二〇〇一年一九人(九月現在)となっています。潜伏期が不明なので、今後の発生予測は困難であり、専門家の見方もいくつかの見解に分かれています。

最初の患者が確認されて十年ほどの間は、年齢的にもっとも若い患者は十六歳でした。

ところが、九九年に十三歳の少女の患者が見つかりました。まだ診断は確定していないものの、診断方法の進歩で誤診の可能性はきわめて低いとみなされています。

ＢＳＥ牛の発生が最初に報告されたのが一九八六年ですので、この患者は当時一歳以下だったことになります。ベビーフードの可能性が疑われましたが、メーカーの話ではＢＳＥ感染のおそれのある牛の材料が、ベビーフードに用いられていることはないと述べています。自宅で作られた食事の中に、牛肉のミンチや切れ端が使われたために、感染したのではないかと推察されています。

――アイルランドでも患者が一人発生したそうですが、英国との地理的近さが関係しているのでしょうか。

患者はダブリンの三十代の女性で、一九九五年五月に診断されました。国別の患者発生では英国、フランスに次いで、アイルランドが三番目になります。この女性はＢＳＥが多発していた時期に英国に滞在していたことから、その際に感染したと推測されています。

この患者の報告は、たまたまアイルランドの輸血担当局が、献血者について一九八〇年代終わりから九〇年代はじめに、英国に滞在した経験の有無を調査する計画を立てていた時に発表されました。九六年の調査では、アイルランド人の八パーセントが、その当時英国に一年以上滞在していたということです。

なお、このアイルランドの患者は、変異型ＣＪＤと診断される前に、胃の内視鏡検査を受けていました。同じ器具がその後四九人の人に用いられていたため、病院側はこれらの人に対して感染の心配を和らげるため、連絡をとっていると伝えられています。また病院側では、内視鏡や生理学的検査の器具からの感染する可能性は、限りなく少ないと述べています。

改めて付け加えますが、ここまで述べてきた変異型ＣＪＤは、ＢＳＥ牛からの感染によってもたらされた、いわば「ヒト海綿状脳症」です。

最近、一部のマスコミや人々の間で、変異型ＣＪＤと医原病であるＣＪＤ、いわゆる薬害ヤコブ病を混同した反応も散見されますが、両者は病原体がまったく別です。認識不足や誤解のために、無用な社会的混乱が生じないことを願っています。

第三章　ＢＳＥをめぐるサイエンス

◎「微生物学のなぞの病原体」——プリオン

——BSEを知ろうとすると、プリオン病、病原体プリオン、異常プリオン蛋白など、プリオンという言葉がひんぱんに登場します。そもそも「プリオン」は、どのように発見されたのですか。

プリオンは「発見された」というよりも、「提唱された」と考えるほうが理解しやすくなります。プリオンはウイルスや細菌と同じように、病原体の「種類」を示す名前です。ウイルスでも細菌でもないまったく新しい病原体の概念、と考えてください。

——すると、病原体の種類一覧リストに「プリオン」という名の新顔が加わった、と理解すればいいのでしょうか。

そうです。プリオンはこれまでになかった新たな病原体の概念です。提唱したのは現在、カリフォルニア大学の神経内科と生化学の教授を兼ねているスタンレー・プルシナー博士で、一九八二年のことでした。病原体を「プリオン」と命名したのも彼のアイディアです。

――命名の由来はなんですか。

"Proteinaceous infectious particle"日本語では「感染性の蛋白粒子」の意味です。英語の頭文字をつづると'proin'ですが、しかしそのままでは語呂が悪いので、oとiをさかさまにして'prion'＝プリオンにしたと彼は語っています。

――名前がつけられたということは、その病原体はそれまでずっと、名前のない状態で存在していたのですか、「病原体X」として。

既成の概念にあてはまらない病原体であった、といえます。ウイルスのようでありながらウイルスとは性質がまったく違う。そこまで確認できたのですが、その先がわからない。そのため研究者たちにとっては長い間、「微生物学のなぞ」として存在してきたのです。

――その「なぞ」の正体を突き止めたのが、先ほどのプルシナー教授というわけですか。

画期的なことでした。プリオンという、まったく新しい病原体の概念を確立したことに対して、一五年後の一九九七年、彼はノーベル賞を授与されています。

――「微生物学のなぞ」といわれましたが、発端からもう少し詳しく聞かせてください。

プリオン説が提起されるまでの経緯は、興味深い科学ドラマそのものといってよいでしょう。その道のりをたどると、プリオン病の研究の歴史をひもとくことにもなります。

振り出しは十八世紀にまでさかのぼります。二〇〇年前、英国はじめ西ヨーロッパ諸国では、スクレイピーと呼ばれる羊の致死的な神経病が見出されていました。十九世紀中頃になると、羊の移動に伴ってスクレイピーは世界各地へと広がり、二十世紀はじめにはこの神経病が感染性のものであることが明らかになってきました。

一方、同じ頃ドイツでは、人の神経病の新たな報告が、二人の医師から立て続けになされていました。痴呆の症状を示す致死的な神経病で、一九二〇年にハンス・クロイツフェルト医師が、翌二一年にはアルフォンス・ヤコブ教授が発表しました。この病気は二人の名前をとって、クロイツフェルト・ヤコブ病（ＣＪＤ）と命名されました。

――スクレイピーもＣＪＤも、ＢＳＥに関連して何度も登場した病気の名前ですね。

羊のスクレイピー、人のＣＪＤが、牛のＢＳＥへと深くつながってくることになります。

現在、これらの病気は総称して、「プリオン病」と呼ばれるようになっていますが、古くは

「伝達性海綿状脳症」の呼称が用いられてきました。二つは同義語と考えてください。

◎「伝染性」ではなく「伝達性」の病気

――伝達性海綿状脳症とはどういう意味なのですか。

キーワードとなる基本的用語ですから、歴史に分け入る前に説明しておきましょう。伝達性海綿状脳症とは、医学的には「実験的に動物に病気を伝達させることができ、その病気は脳に限られていて、スポンジ状の空胞の出現を特徴とする脳の病気」という意味です。

――伝達性というのは、伝染病とはまた別なのですか。

誤解されやすいのですが、伝達性と伝染性はまったく違います。伝染病は、感染症の中の一部であり、人から人、動物から動物へと急速に広がり、社会的に問題となる病気のことを指します。伝達性は前述のように、あくまで「実験的に動物に病気を伝達させることができる病気」です。

一方、まぎらわしいことに官庁用語では、伝達性でなく、「伝染性海綿状脳症」が使われています。誤解を招く表現ですが、これはＢＳＥを「家畜伝染病予防法」に取り入れる際に、伝達性という用語が行政官の間で受け入れられなかったためです。科学よりも行政上の都合が優先された結果です。

――混乱しそうですが、プリオン病は伝染性ではなく伝達性である、と理解することが正しいのですね。海綿状脳症の「脳症」というのは、日本脳炎のような「脳炎」とはまた別なのですか。

日本脳炎はウイルス性疾患で、ウイルスが脳で増殖する結果、異物であるウイルスを排除するためにリンパ球が集まってきて、脳の炎症、つまり脳炎を起こす病気です。

一方、脳症ではこうした炎症は見られません。伝達性海綿状脳症では、病原体が脳に蓄積して脳の神経が破壊された結果、スポンジ状の空胞ができるものとみなされています。

◎食人の風習から広がったクールーとＣＪＤの関係

――「伝達性海綿状脳症」の意味が飲みこめました。

キーワードを押さえたところで、二十世紀はじめへと話を戻します。

舞台はヨーロッパを離れ、パプアニューギニアの高地に移ります。一九五〇年代、この地の原住民フォア族の間に、クールーという神経病が見出されました。この病気に興味をもったのが、米国のウイルス研究者カールトン・ガイジュセック博士です。

——クールーとはどんな病気ですか。

クールーは現地の言葉で「寒さや恐怖のため震える」といった意味です。その表現どおり、症状は激しい四肢の震えが特徴です。死亡した患者の脳を調べてみると、スポンジ状の病変、すなわち海綿状脳症の特徴が見出されました。

背景にあったのは、フォア族の死者を食べる食習慣でした。現地で調査を行った人類学者シャーリー・リンデンバウムによれば、フォア族の社会では蛋白源が乏しく、イノシシや家畜の豚は男性が優先的に食べ、女性にはほんの少ししかあてがわれませんでした。

そこで女性たちは、不足する蛋白質を、昆虫や蛙、そして死者の肉、内臓、脳などを食べて補ったのです。おそらく死者の中にＣＪＤの患者がいて、その病原体が食人の食習慣を介して広がったものと考えられました。

ガイジュセックはこの病気を精力的に調査し、新しい神経疾患であることを論文にまとめ、一九五六年に詳しく報告しました。

――クールーもCJDと同じく致死的な神経病なのですか。

長い潜伏期を経たのち、発症後は三～九カ月くらいで確実に死に至ります。ただし、一九六〇年代になるとこの地にキリスト教が入り、生産手段としてコーヒー栽培もはじめられ、食人の風習は廃止されました。

それとともに、患者の発生は激減し、現在では年間数人の死亡が見られるだけとなっています。これらの患者はすべて三十五歳以上であり、食人の風習が廃止される以前の感染と推測され、子どもや青少年の発生はまったく見られなくなっています。

ガイジュセックの論文に話を戻すと、この論文に対して、「クールーの患者の脳の病変は、羊のスクレイピーによく似ている」と指摘した学者がいました。英国でスクレイピー研究を行っていた、米国の獣医病理学者ウイリアム・ハドロー博士です。

――欧米の羊の病気と、ニューギニア先住民族の病気が、脳のレベルで似ているとは不思議なつながりですね。

ハドロー博士は、スクレイピーとクールーの類似点として、脳のスポンジ状の病変、すなわち「海綿状脳症」に注目したのです。さらにハドロー博士は、スクレイピーが羊から羊へと実験的に伝達できることから、クールーはサルに伝達できるのではないかという意見を、一九五九年に発表しました。

――サルに伝達というのは、病気を実験的にサルに感染させることですか。

人の病気の場合、人で実験することは不可能なので、もっとも人に近い動物であるサルを使って、病気の伝達を試みることになります。

このハドロー博士の意見がヒントとなって、ガイジュセックはクールーがチンパンジーに伝達できることを明らかにしました。これによって、クールーが伝達性の海綿状脳症であることが示されました。

さらに彼は、クールーとよく似たクロイツフェルト・ヤコブ病（CJD）でも実験を試み、CJDがチンパンジーに伝達できることを証明しました。すなわち、CJDもスクレイピーと同じく、伝達性の海綿状脳症であることが示されたのです。

こうした一連の研究成果によって、羊のスクレイピー、人のCJD、クールーが、同じタイプの病気であることが明らかになりました。この業績に対して、ガイジュセックは一九七六年にノーベル賞を授与されています。

◎スクレイピー、クールー、CJDの病原体はなにか

――動物と人、英国とドイツとニューギニア。種が違い、地域も違うのに、三つの異なる病気が一本の線でつながったのは、なにかミステリーのようです。

研究の醍醐味でもありますが、同時にまた、なぞときの旅もここからはじまりました。しかし、では三つの病気が同じタイプの感染症であることは、科学的に解明されました。三つの病原体はいったいなんであるのか。この問いに答えを出さねばなりません。当初、研究が重ねられ、病原体はスローウイルスの一つであろうと考えられました。ただし、多くのなぞが残されたままでしたが。

――スローウイルスとは、名前の響きからすると、ゆっくりと作用を及ぼすウイルスなのですか。

スローウイルスは固有名詞ではなく、ウイルス感染のタイプ分けによる名称です。スロ

ーウイルス感染では、数カ月から数年にわたる長い潜伏期ののちに発病します。いったん発病すると、症状はゆっくりと、しかし確実に悪化していき、ほとんどの場合、死に至ります。文字どおり、長い潜伏期と、ゆっくり進行する症状経過が大きな特徴です。

スローウイルス感染の概念がはじめて登場したのは、一九五四年、アイスランドの病理学者シーグルドソンの提唱です。彼は羊の病気の研究からこの概念を確立しました。時期的には、ガイジュセックがクールーの論文を発表したのが一九五六年ですから、ほぼ同じ頃にあたります。

――スローウイルスが提唱される以前には、ウイルスには同じようなタイプはなかったのですか。

それまでのウイルス感染は、特徴によって三つのタイプに大別されていました。①急性感染、②潜伏感染、③慢性感染の三種類です。ここに第四のタイプとして、スローウイルス感染が加わったわけです。

注目すべきは、初めの三種類と違って、スローウイルスという概念が獣医学の領域から登場したものであることです。

――スローウイルス病原体説に、多くのなぞが残ったままというのはどんな意味ですか。

病原体は、当初、スローウイルスの一種であろうと考えられました。しかし、やがてそれは科学的に否定されました。

一例をあげれば、問題の病原体は普通のウイルスとは異なり、一〇〇度で加熱しても、ホルマリンを加えても死にません。ウイルスが不活化されるはずのほかの多くの処理にも、非常に強い抵抗性を示しました。

さまざまな研究の結果、通常のウイルスとはあまりにかけ離れた性質のものだったため、ガイジュセックはこの病原体を「非通常ウィルス」と呼ぶことを提唱しました。

◎ウイルスでも細菌でもないまったく新しい病原体

――なぞの病原体は「ふつうじゃないウイルス」という名を与えられたわけですね。

基本的には、ウイルスの一種と位置づけられていたのです。呼び名はついたものの、その本体はまったくわからず、この病原体をめぐっては、長年「微生物学のなぞ」としてずっと残されたままでした。

●図4—異常蛋白プリオンの増殖

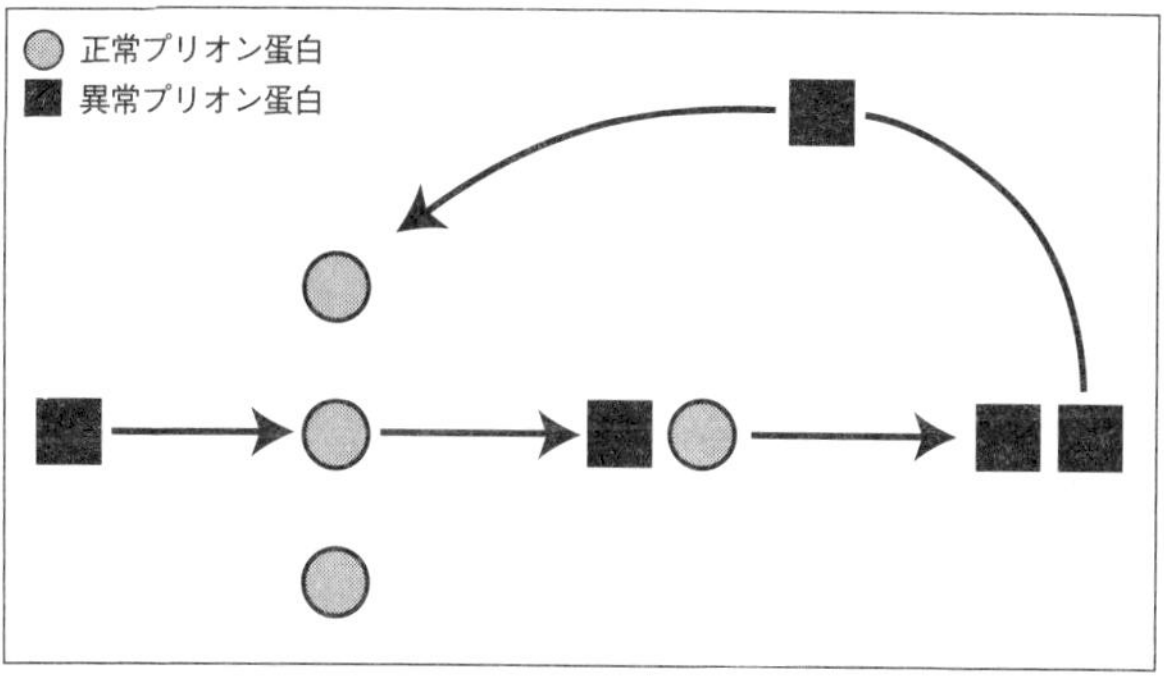

異常プリオン蛋白が鋳型となって、正常プリオン蛋白を異常化させる。

解明の突破口を開いたのが、先ほどのプルシナー教授です。彼は一九八二年に、この病原体の本体が蛋白であることを見出し、みずから「プリオン」と名づけ、プリオン説を提唱しました。ウイルスでも細菌でもない、まったく新しい病原体の概念が提起されたのです。

——プルシナー教授がなぜその病原体の解明に挑んだのは、なにかきっかけがあったのですか。

当時、彼はカリフォルニア大学の神経内科の医師で、一九七二年に自分の患者の一人がＣＪＤで亡くなったことに遭遇し、ＣＪＤの原因を調べはじめました。そして、あまりにもなぞに包まれていることに衝撃を受け、以来、ＣＪＤの本体の研究がライフワークとなった、と語っています。

――「プリオン説」とは、どんな内容なのですか。入門レベルの範囲で教えてください。

プリオン説は、これまでの微生物感染とはまったく異なる感染症の概念を提示しています。そのため、専門家の間でもわかりにくいという声があがるほどです。ここではなるべく簡単にまとめてみましょう。

牛、羊、人に限らず、あらゆる動物の染色体の中には、プリオン遺伝子が存在していて、プリオン蛋白が作られています。プリオン蛋白は動物の身体の構成成分の一つであって、これ自体が病気を起こすことはありません。

ところが、プリオン病にかかった動物の脳の中には、正常プリオン蛋白とは立体構造の変化した、別のプリオン蛋白が存在します。これは物理的・化学的処理にも非常に強い性状を示し、異常プリオン蛋白と呼ばれます。プリオン説は、この異常プリオン蛋白が病原体の本体と考えています。

――その異常プリオン蛋白が、BSEのように脳や脊髄に蓄積するのはなぜですか。

詳しいメカニズムは、まだ解明されていません。しかし、異常プリオン蛋白が鋳型となって、同じ構造の異常プリオン蛋白が次々と多量に作られ、それが脳にたまって病気を起こすと考えられています（117頁・図4）。

――ガン細胞の増殖と似ているように思えますが、違うのですか。

一見似ているようですが、まったく違います。ガン細胞の場合は、その表面に腫瘍抗原という、本来は身体に存在しない特有の物質ができます。そこで身体がガン細胞を異物とみなし、排除しようとする免疫反応が起こります。しかし、プリオンはもともと自分の身体の構成成分ですから、異常化しても異物とはみなされず、免疫反応は起きないのです。

――これまでの病原体はウイルスや細菌という外部からの侵入者、いわば外敵だったのに対し、プリオン説は発想そのものが違うのですね。第一章で「身内の反乱」というたとえが出てきましたが、改めてよくわかりました。

◎世紀末に牛と人の海綿状脳症が出現した

――プリオン説は、研究者や専門家の間ですんなりと受け入れられたのですか。

プリオン説はいっきに確立したのではなく、多くの学問的批判や論争にさらされました。専門的になりすぎるので詳細は省きますが、これまでの分子生物学を根底から覆すものとして、当初は異端の扱いを受けました。

たとえば、国際ウィルス学会の場などでは、すさまじい討論が展開されました。プリオン説をただ一人主張するプルシナーに対し、会場から痛烈な批判の矢が次々に投げられるといった光景を私も目撃しています。

余談になりますが、私は一九九四年秋、ウィルス学会長として彼を招待したことがあります。多忙な滞在日程の合間をぬって、彼と二人で箱根でつかのまのリラックスタイムを楽しんだのですが、その際、プルシナーは回顧談として、プリオン説を撤回しろという圧力が高名な研究者たちから加えられたこともあると語っていました。

――一つの学説が提唱され、それが認知されるまでには、想像以上に厳しい道程があるのですね。

初期の頃は、プルシナーがノーベル賞をねらって、あのような説を発表したのだという批判も多くありました。しかし、研究の進展につれて、プリオン説の考えを支持する多くの状況証拠が蓄積してきています。

一方、感染性の蛋白などあるはずがないという考え方、つまりプリオン病の病原体の本体には、蛋白以外にウイルスも含まれるという少数の反対意見もいまだにあります。しかし、蛋白原因説に異論を唱える人たちも、伝達性海綿状脳症の発病に、プリオン蛋白が深くかかわっている点については、現在は反対していません。
こうした経緯を経て、現在ではプリオン病の概念はほぼ確立し、第一～二章でも述べたように、異常プリオン蛋白を検出することで、プリオン病の確実な診断もできるようになっています。

――スクレイピー、CJD、クールーのつながり、そして病原体プリオンへと、なぞときが進んできました。そしてその後、牛のBSEが出現したのですか。

第一章の冒頭でふれましたが、一九八六年、英国で新たな牛の神経病が報告されました。この病気にかかった牛の脳に、スポンジ状の多数の空胞が見られることから、牛海綿状脳症（BSE）と命名されたこともすでに述べたとおりです。
スクレイピー、CJD、クールーと同じく、海綿状脳症と呼ばれる神経病がこんどは牛にも出現したわけです。さらに十年後の一九九六年、BSEからの感染と考えられる人の海綿状脳症、すなわち変異型ＣＪＤがあとを追うように出現してきました。
二十世紀の最後に、牛と人の海綿状脳症が新たに加わったことになります。

◎プリオン説にもなぞがある

——スクレイピー、ＣＪＤ、クールー、ＢＳＥ、変異型ＣＪＤが、「プリオン」という大きなキーワードで一つに束ねられることがだんだん見えてきました。

最近では、スクレイピーの病原体はスクレイピー・プリオン、クロイツフェルト・ヤコブ病（ＣＪＤ）の病原体はＣＪＤプリオン、牛海綿状脳症（ＢＳＥ）の病原体はＢＳＥプリオン、というように呼ばれることが多くなっています。

プリオン説はほぼ確立しましたが、しかし依然として、まだ大きななぞが残されています。なぜなら、プリオンが病原体そのものなのかどうか、科学的証明がまだなされていないのです。

——再び「なぞ」に戻ってしまうようですが、どういうことなのですか。

異常プリオン蛋白が、病気に直接かかわっていることは間違いありません。しかし、異常プリオン蛋白そのものが「病原体の本体」であるという、プリオン説の基盤がまだ証明できていないのです。

プリオン遺伝子を用いて、試験管の中でプリオン蛋白を作ることも可能になりました。それに異常プリオン蛋白を加えて、異常な構造に変えることにも成功しています。

――では、試験管内で作った異常プリオン蛋白は病原体としての働きは示さないのですか。

その点が証明されないと、プリオン説は仮説の段階にとどまります。試験管内で作った異常プリオン蛋白を動物の脳内に接種し、プリオン病を起こすことができれば、プリオン病原体説の決定的な証拠となります。しかし、現段階では、はじめに加えた異常プリオン蛋白も病気を起こせるために、区別することができないのです。

――実験的に再現できたときが、本当のゴールになるのですか。

そうです。したがって、異常プリオン蛋白が病原体そのものなのか、あるいは、病原体が実はまったく未知のウイルスであって、その副産物として異常プリオン蛋白が脳内で検出されているのか、といった点での議論はまだ続いています。ちなみに、後者の可能性はこの二〇年間にわたって調べられてきましたが、それを示唆する証拠は皆無です。

――一頭のBSEの牛の背後に、長いなぞときの歴史があることがわかってきました。

獣医学の領域から生まれたスローウイルスの概念が、のちにプリオン説の誕生へと発展していったことは、科学史のエポックメイキングといってもよいでしょう。

BSEの源流をたどると、科学の進展だけでなく、人や動物の織りなす壮大な科学ドラマが広がっています。そして、このドラマは現在から未来へと、なぞを含みながらこれからも着実に引き継がれていくのです。

◎生前診断の可能性をさぐる

――プリオン病の歴史を背景に、BSEや変異型CJDが、また違った視点で見えてきました。科学の可能性や進展を感じる一方で、現在の段階では、牛も人も死亡後でなければ確定診断ができないとのこと。なにがネックになっているのでしょうか。

ＢＳＥに限りませんが、疾病の確定診断を行うためには、臨床症状の所見のほか、生化学的検査、病理組織学的検査など、科学的証拠を直接的に確かめることが不可欠です。プリオン病では、脳の病変の確認と、病原体である異常プリオン蛋白を検出することが、確定診断のための条件となります。ＢＳＥの検査では、脳の延髄の一部を検体として用いることから、死亡後でなければ実施することは不可能です。

ただ、歴史的に古い孤発型ＣＪＤの場合は、これまでの研究成果の蓄積もあって、確定ではないがほぼ間違いない、というレベルでの生前診断が可能になっています。

ともかく、予防や治療の観点からは、ＢＳＥも変異型ＣＪＤも、生前診断が必須の課題です。生前診断が実現すれば、予防や治療のみならず、安全対策の面でも大きく寄与します。現状では英国のＢＳＥ対策のように、感染の疑いが否定できないという不確かな理由で、科学的証拠もないままに、四五〇万頭もの牛を殺処分せざるをえないわけですから。

――ため息が出そうな数ですが、生前診断が実現すればそうした事態も回避できるのですね。可能性はどうなのでしょうか、研究はどこまで進んでいるのですか。

生前診断の可能性を探る研究では、すでにいくつもの実験的アプローチが進められています。手法としては、潜伏期中の動物から異常プリオン蛋白を検出するシステムを探ろうとするものです。その一つに、英国のロスリン研究所グループの取り組みがあります。

――ロスリン研究所といえば、あのクローン羊ドリーを誕生させたところですか。

そうです。研究報告によれば、これは脳ではなくリンパ組織に焦点を当てたもので、マウスを使った実験の結果、血液によるプリオン病診断の可能性を示唆するデータが得られたとしています。内容をかいつまむと、スクレイピーを実験的に発病させたマウスと、正常なマウスとを使って、それぞれの脾臓での遺伝子の発現状況を比較します。その結果、スクレイピーマウスでは、赤血球分化関連因子（ERDF）と呼ばれる遺伝子の発現量が、大きく低下していることが見出された、というものです。

ただし、ERDFそのものが、BSEの発病にかかわっているかどうかはまだ明らかではありません。また、ERDFの発現量の低下は、スクレイピー発病マウスの脾臓だけでなく、スクレイピーの羊の血液と、BSE牛の骨髄でも見つかっています。

――難解で意味がどうもつかめません。それはなにを意味しているのですか。

脾臓のリンパ組織で、もし異常プリオン蛋白の検出につながる手がかりが得られたならば、分子レベルでの診断マーカーになる可能性が出てきます。ちょうど健康診断で行われる腫瘍マーカー試験のようなもので、血液材料を用いて、しかもきわめて簡単に、BSEが疑われる牛を検出できることにつながります。

——それは将来的に、血液検査でプリオン病が診断できる可能性が出てきた、ということですか。

生体から簡単に採取できる血液や尿のような検体を使って、間接的に診断する方法への道筋を開くものだとはいえるでしょう。しかし、これは基礎分野の研究で、あくまで原理のレベルです。実用化となるとまた別の問題になってきますが、理論的にはその糸口となる可能性が示された、といってよいでしょう。

◎潜伏期中の異常プリオン蛋白は検出できるか

——英国以外の国での研究はどうなのですか。

異常プリオン蛋白の検出システムを探る試みでは、やはり羊を使っての研究が米国とオランダで行われています。こちらも簡単に紹介しておきましょう。

スクレイピーの羊では潜伏期中に、リンパ組織から異常プリオン蛋白が検出されます。そこで、米国ワシントン州立大学と農務省研究所では、羊の瞼の下（瞬膜）にある小さなリンパ節について、潜伏期中の動物からの異常プリオン蛋白の検出システムを開発中です。また、オランダの動物科学健康研究所でも、同じアプローチで羊の扁桃についての検出システムを開発中です。

なお、米国農務省研究所では、血液中の白血球からの検出も試みています。


――潜伏期中の異常プリオン蛋白をいかに検出するか、その模索が続けられているのですね。


羊を使った研究では、英国での別のアプローチもあります。英国の中央獣医学研究所では、スクレイピー感染羊について、尿での化学的検査法の研究が古くから行われています。それを土台として、ＢＳＥでの研究が進められています。

これは、尿中の酵素や蛋白などの代謝産物について、クロマトグラフィーによる分析から診断しようとするものです。これまでの研究では、発病前で八〇パーセントくらいの診断率が得られているとの報告です。しかし、実用化までにはまだ遠いとみなされています。

――羊を使った研究の事例が並びましたが、牛での研究は難しいのですか。

牛の場合、リンパ組織での研究は不可能です。実験的にBSEに感染させた牛では症状が出る六カ月前には、脳に異常プリオン蛋白が見つかっています。しかし、リンパ組織に異常プリオン蛋白は検出されていません。回腸に存在するパイエル板というリンパ組織では異常プリオン蛋白が見つかる可能性がありますが、これは生前診断の材料にはなりえません。したがってBSE牛の場合は、羊のスクレイピーのようなリンパ節での生前診断は不可能なのです。

なお、不思議なことに、羊にBSEを接種すると、脾臓のようなリンパ組織にも異常プリオン蛋白が多量に検出されます。

◎日本のプリオン病研究は世界のトップクラス

――プリオン病の診断に関する研究は、日本でも行われているのですか。

一般の人にはあまり知られていませんが、日本におけるプリオン病の研究は非常に進んでいます。世界でもトップクラスといってよいでしょう。

一九七七年、九州大学医学部の立石潤教授のグループが、ＣＪＤ患者の脳乳剤をマウスに伝達することに成功しています。これは世界ではじめてのことで、ＣＪＤ研究の進展に大きく貢献しました。

前述のクールーの説明で紹介した、ＣＪＤ研究のガイジュセック博士は、当時、サルを用いてプリオン病の研究を行っていました。それに対して、立石教授はマウスへの伝達実験を試み、成し遂げたのです。

マウスでの実験ができるようになったことによって、ＣＪＤの研究は日本が世界をリードする形になりました。ガイジュセック博士はすぐに立石教授を訪れ、マウス・モデルの有用性を確認しています。

一九七八年、カリフォルニア大学のプルシナー博士も同じくここを訪れています。彼はその四年後にプリオン説を提唱し、一九九七年にはノーベル賞を授与されています。

――ＢＳＥが日本に上陸したのはついこの間ですが、基礎研究の分野ではずいぶん早くから進んでいたのですね。

立石教授のグループではこのＣＪＤのマウス・モデルを使って、異常プリオン蛋白を染色する方法も開発しました。
これは脳の組織切片を、九五パーセントという高濃度の蟻酸に浸したあと、プリオン蛋白に対する抗体で染色する方法で、免疫組織化学検査と呼ばれます。この処理によって、正常プリオン蛋白は染まらず、異常プリオン蛋白だけが検出可能になったわけです。
開発を担ったのは当時班員であった北本哲之・東北大学教授です。彼の業績によって、異常プリオン蛋白の組織内分布を調べることがはじめて可能になりました。この手法はプリオン検査に不可欠なものとして、現在では世界的に広く用いられています。

――顕微鏡の写真を見た記憶がありますが、日本で開発されたものとは思いませんでした。そうした背景を知ると、一枚の写真の見え方も違ってくる気がします。

もっと多くの人に知られてよいことですね。さらに最近では、遺伝子導入マウスを使っての診断研究が、北本教授のグループで進められています。

――遺伝子導入マウスとはなんですか。

実験的に遺伝子を体内に入れたマウスのことで、トランスジェニックマウスともいいます。さまざまな研究分野で使われている手法ですが、ＣＪＤ研究では人のプリオン遺伝子をマウスに入れて、マウス自身のプリオン遺伝子はノックアウト、つまり破壊された状態にするわけです。いわば人化マウスを実験的に作り出すのです。

このマウスは、自分のプリオン蛋白は破壊されていますから、人のプリオン蛋白しか作りません。こうした人化マウスにＣＪＤ病原体を接種すると、約五十日で発病することが明らかになっています。この期間をさらに前倒しで短縮することができれば、診断への可能性が開かれることになります。

——いろいろな角度から、生前診断の基礎となる研究が各国で進められているのですね。

現在、生前診断については、ＢＳＥ、変異型ＣＪＤともに、各国のベンチャーが競うように研究しています。中には、エイズウイルスの発見で知られるロバート・ギャロ博士が参画しての研究もあります。

◎感染・発病のメカニズムと治療法の未来

――次に、治療の側面についても教えてください。ＢＳＥも変異型ＣＪＤも、口から入った病原体が長期間の潜伏ののち、脳の神経を破壊してスポンジ状にしてしまう病気である、というのが不思議です。どうしてそうなるのですか。

ＢＳＥも変異型ＣＪＤも経口感染ですが、発病機構、すなわちメカニズムについてはどちらもまだよくわかっていないのです。

今のところ推測されているのは、口から入った病原体は胃や大腸を素通りして、おそらくは小腸の末端からそのままの形で取り込まれるのではないかとみられています。

小腸の末端にはパイエル板と呼ばれるリンパ組織が存在しますが、ここは体内の異物を飲みこむ働きをしています。異常プリオン蛋白はこのパイエル板から取り込まれ、おそらく神経を伝って脳に到達するのではないかといわれています。

――神経を伝ってというのは、どういうことなのですか。

神経には「軸索」と呼ばれる一種のケーブルがあり、ちょうど電線の中を電気が流れるように、物質がその中を流れています。この軸索を通って、異常プリオン蛋白が脳へと運ばれ、蓄積されるのではないかと考えられています。

ただ、異常プリオン蛋白がどのようにして増殖していくのか、その過程についてはまったくわかっていません。たとえば、軸索の中を通りながら、次々にドミノ倒しのように異常プリオン蛋白が増殖していくのか、あるいは脳に入ってからしだいに増殖するのか、まだ明らかではないのです。

――感染から発病までのメカニズムが明らかにならないと、治療法の研究も難しいのでしょうか。

発病機構の解明とは別に、治療面での実験的試みは、すでにいくつか行われています。

第一のアプローチは試験管レベルでの試みで、正常プリオン蛋白が異常プリオン蛋白に変わることを阻止する研究があります。つまり、正常プリオン蛋白の異常化を抑える薬剤を探すわけです。

一方、異常プリオン蛋白と正常プリオン蛋白が結合することを、薬剤で阻止する方向での研究もあります。双方はどこかで結合するわけで、その結合部位を抑えるか、あるいは破壊することで、異常プリオン蛋白の増殖を抑制しようとするものです。

第二のアプローチは、発病そのものを抑える手段の研究です。これは主にマウスを使った実験で、スクレイピーやＢＳＥのプリオンをマウスに接種して感染させ、発病を抑える候補の薬剤を試験的に投与します。

現段階では、感染したのと同時期に薬剤を接種すれば、発病を遅らせることができるという成績です。つまり、発病してから投与したのでは遅いわけです。いうまでもなく、このレベルでは現実にはとうてい使えません。

第三のアプローチは、すでに他の疾病に用いられている治療薬の中から、有効なものを見出そうとする研究です。

一般的にほとんどの薬剤は、薬効成分が血液中に入って作用が発現します。その際、脳内には入っていきません。脳には脳血液関門という一種のゲートがあって、ここから先へは薬剤が入っていかない仕組みになっています。

ところが、例外的にこのゲートを通過する薬剤が存在します。その一例がマラリアの治療に使われている既成の薬剤です。この研究をプルシナー教授のグループが進めており、最近、変異型ＣＪＤの患者に実験的に投与したところ、一時的に症状の改善がみられたといわれています。
このときの投与についてプルシナー教授は、「患者の家族に懇願されて試したもので、とうてい治療レベルの段階とはいえない」と述べていました。二〇〇二年には改めて、変異型ＣＪＤ患者への本格的な臨床試験を行う予定と伝えられています。
ただ、この方法の場合、患者の植物状態を長引かせるだけの結果になるかもしれず、慎重な検討が必要になってくるでしょう。

――試験管の中、実験動物、実際の患者と、三つの方法で治療の研究が進められているのですね。道程は遠いかもしれませんが、今後に希望を託したいです。

仮に生前診断が可能になったとき、もし治療法が開発されていなければ、診断の意義は失われます。治療法がないまま診断技術だけ先行すれば、医師にとっても患者にとっても不幸な事態になります。

――診断と治療、どちらも重要で、車の両輪のようでないといけないわけですね。

易しい課題ではありませんが、すでに取り組みははじまっています。科学の歴史をふりかえると、当初の研究目的とは別に、予想もしなかった発見や知見が偶然もたらされることが少なくありません。

プリオン病の診断・治療の研究は緒についたばかりですが、そうした偶然の産物への期待も含めて、今後の科学的進展に信頼を寄せてよいと考えます。

◎BSEがわれわれに投げかける大きな問題

――BSEについて、この病気の発端から感染対策、今後の診断・治療の研究までと、全体像が浮かびあがってきました。歴史的にも社会的にも科学的にも裾野が広く、とらえきれないほど大きな問題をはらんだテーマであることがよくわかりました。

改めて要約してみますと、牛のBSEも人の変異型CJDも、医学的にはどちらも経口感染による神経疾患です。

すでに述べたように、BSEは人間が牛に強制した「共食い」によって、新たに出現したプリオン病です。さらに、そのBSE牛を人が食べたことによって、人のプリオン病である変異型CJDがもたらされました。

さかのぼれば、ニューギニアのフォア族にみられるクールーも、古くからの風習であった食人に起因するプリオン病です。文明の発達とともに、人間社会での共食いは現在では消失しています。

一方、近代医学の進展に伴って、輸血や臓器移植のように、様々な形で人の身体の一部が他の人に移されるようになりました。経路が口ではない点で、これは共食いとはいえません。しかしながら、血液製剤によるエイズ感染、硬膜移植による薬害ＣＪＤなどは、接種経路の違いを除けば、ＢＳＥの伝播と共通した性質のものです。

こうした現代の病理ともいえる問題を、ＢＳＥはわれわれに投げかけています。

――近代畜産の効率追求から生まれた牛のリサイクルと、近代医学を背景としたいわば疑似的な人間のリサイクルとは、本質的には同じ問題をはらんでいるのですね。

そう考えてよいと思います。しかし、こうした現代社会のシステムがもたらした功罪については、私の専門領域を越えており、ここで論じるには難しすぎます。ただ、牛に関する問題を考えるうえで、興味深い事実を一つ、最後にご紹介したいと思います。

草食動物である牛の、胃の仕組みについてです（139頁・図5）。ご存じのように、牛には

●図5—子牛の胃

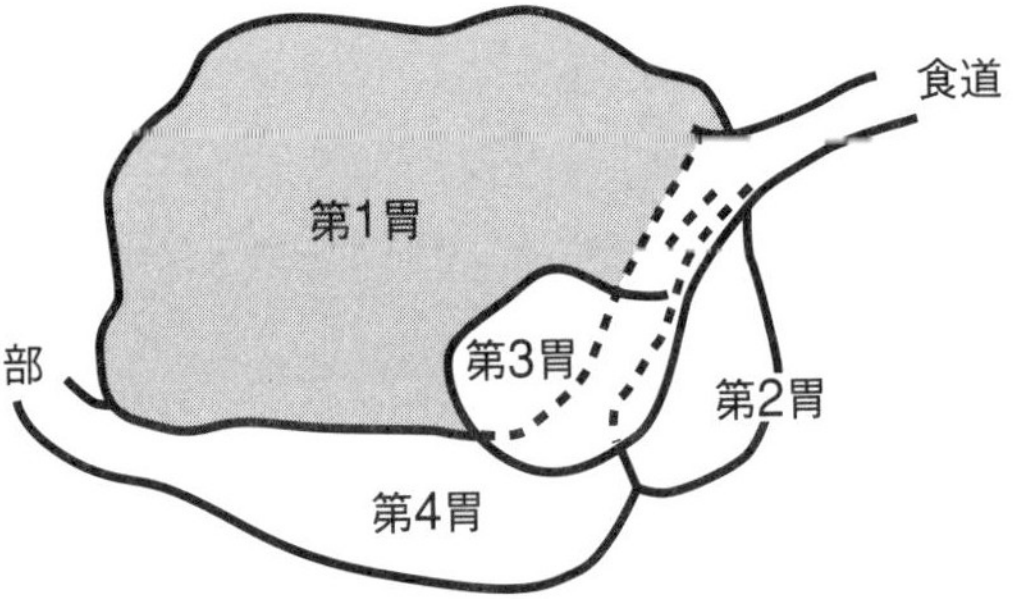

第１胃と第２胃が反芻胃として働き、第４胃が消化・吸収を受けもつ。

人と違って四つの胃があります。第一胃と第二胃は食べた植物を反芻する働きを担っており、反芻胃と呼ばれます。

栄養学の視点から説明しますと、第一の胃の中には多数の細菌が存在していて、植物の繊維や澱粉はこれらの細菌によって炭水化物に分解されます。植物の蛋白はアミノ酸に分解され、反芻胃の中の細菌の栄養源となります。つまり反芻胃は細菌の好適な発酵槽ともなっているわけです。

ここには細菌だけでなく、多くの原生動物も生息しており、その主なものは繊毛虫です。反芻胃の中で細菌が増殖し、それが作り出す炭水化物などは原生動物の栄養源となります。

こうして増殖した原生動物は、脱水装置ともいわれる第三胃を通過し、最後の第四胃へと運ばれます。この第四胃が人間の胃に相当するもので、ここでは胃酸と蛋白分解酵素などによって、原生動物は消化されます。つまり、動物性蛋白の消化がここで行われているわけです。したがって、草食動物である牛の胃は元来、動物性蛋白を処理する能力を持っており、栄養学的にいえば、肉食動物と同じメカニズムで働いていることになります。

——つまり、牛はもともと自分の体内で動物性蛋白を摂取できている、ということですか。

そうです。ここまでは栄養学の視点ですが、ここから先は考え方によって二つに分かれると思います。

一つは、そうした構造を持っているのだから、肉骨粉などの動物性蛋白を牛に与えることは、生理には反しないとみなす考え方があります。もう一つは、牛は体内でみずから動物性蛋白を摂取しているがゆえに、それ以上の動物性蛋白は過剰であり、不必要とみなす考え方もあります。

——先生はどうお考えですか。

私はウイルスが専門で栄養学はまったくの素人です。したがって、栄養学的な面はわかりません。ただし、病原体の伝播という側面からは、牛の間での共食いになるような飼料の与え方は永久に避けるべきと考えています。大豆のような植物性蛋白または魚粉のようなものもあるかもしれません。

一頭の牛からはじまったＢＳＥは、英国全土から世界中へと広がり、途方もない被害、損失が牛と人にふりかかりました。この先も問題はまだまだ続くものと思います。

ＢＳＥは、効率を優先する近代畜産のあり方、さらには現代社会のあり方に難しい問題を投げかけています。これらは、科学のみで解決できるものではありません。行政、政治、農業、飼料、食肉加工、流通・貿易、製薬などの関係者、そして市民も含めて皆で考えていくべきものだと思います。

あとがき

九月十日のＢＳＥ牛のニュース以来、私にとってめまぐるしい日々があっという間に過ぎてしまいました。一九九六年、いわゆる狂牛病パニックの直後に、ウィーンで開かれた神経病理学の専門家の集まりに急遽出席した際に、座長のブドゥカ・ウィーン大学教授が、「この二カ月間は、われわれ神経病理学者がかって経験したことのない多忙の日々だった」といわれたことが、実体験できたように思います。

いろいろな紆余曲折はあったものの、十月十八日からは、世界的にもっとも厳しい安全対策が実施されました。後手後手と批判される行政ですが、一カ月あまりで、これだけのことをなしとげたのは世界にも例のないもので十分に評価できると思います。

日本でのＢＳＥ発生以来、私は「消費者はなにを注意しなければならないか」という質問を多く投げかけられました。それに対して、私は「屠畜場から食卓に回るものの安全性は行政が確保すべきもので、個人個人が注意できるものではない」と述べてきました。その体制ができてきたことに一安心しているところです。

しかし、日本がＯＩＥの基準で述べられているＢＳＥ暫定的清浄国に戻れるのは、早くても七年後です。清浄国になるにはもっと年月がかかります。

一方、汚染肉骨粉は東南アジアなど、世界各国に輸出されています。これからは、こういった国でのＢＳＥの問題も出てくることが予想されます。世界的ＢＳＥ拡散にも対処していかなければなりません。

本書は、短い期間にまとめたために不完全なものですが、これまでのＢＳＥの背景だけでなく今後も続くはずのＢＳＥの問題の理解に、いささかなりともお役に立てばと願っています。

最後になりましたが、本書は、これまでも私の一般向け著書を支えてきてくださっているライターの高木裕さん、Ｋ＆Ｋ事務所の刈部謙一さん、河出書房新社編集部の小池三子男さんのトリオの協力で生まれたものです。改めて、三人の方に心より御礼申し上げます。

二〇〇一年十一月　山内一也

狂牛病《BSE》・正しい知識

2001年12月20日初版印刷
2001年12月30日初版発行

著　者　山内一也
装　幀　虎尾　隆
編集・組版　K&K事務所
発行者　若森繁男
発行所　株式会社河出書房新社
東京都渋谷区千駄ヶ谷2-32-2
電話（03）3404-8611［編集］　（03）3404-1201［営業］
http://www.kawade.co.jp/
印　刷　三松堂印刷株式会社
製　本　小泉製本株式会社

定価はカバー・帯に表示してあります
落丁・乱丁本はお取替えいたします
ISBN4-309-25153-6